JN194509

はじめに

ここ数年、崇城大学の教員として、一生懸命 Airline を目指している学生の支援をしながら、航空会社の採用試験の合否判定の悲喜こもごもに立ち会ってきました。

この経験を踏まえ、「Airline を目指して」との学生の皆さんの思いを念頭におきながらこれまでの作品を整理し直してみました。

第1章の実践計器飛行の部分は、まだ訓練初期課程の人には今後の計器飛行の参考として、既に計器課程を終えつつある人には知識の整理として使ってもらえれば幸甚です。

第2章には大学のライセンス取得では One Man で飛行するために、Airline の実用機訓練の初期段階で苦労する人が多いとの Feed Back から Multi Crew のフライトコンセプトの概要を解説しています。

第3章は、これから面接を控える皆さんに Airline の採用活動の一端を担った経験を通して Airline に辿り着く道を一緒に考えてみたいと思います。

第4章には、余談集として軽い経験談を収録しています。

この著書が学生の皆さんの夢の実現に少しでも役立つことを祈っています。

稲富　徳昭

目　次

第１章　実践 IFR

計器飛行を行うに当たり個々の細かいルールより、実際に計器飛行方式で飛行する場合の実務的な観点に軸足を置いて取りまとめます。詳細な規定はそれぞれ航空法などを Review してください。

計器飛行方式で運航すると VFR と比較して運航効率を大きく改善できるフライトが可能になります。離陸・着陸以外の phase では特別の Hazardous Weather（悪天候）を除き視程などの制約を受けずに飛行を続けることができます。パイロットの外部監視の責任は常に免れないものの IFR 機同士の管制間隔が確保され、混雑空港では VFR 機との間隔もある程度確保され、また空域によっては VFR 機に対する規制もあるので IFR 機は相当優遇されたフライトが行えることになります。

しかも通常飛行する経路は、VFR のように目視物標を辿るという初心者にとっては不確実な要素のあるルートではなく、無線航行援助施設を利用し、あるいは GPS などを活用した正確な航路・経路を緻密に辿る飛行ができるので、飛行の精度・確実性が向上します。

IFR を勉強し始めたばかりの段階では、VFR NAV の方が楽だったと思う人がいるかもしれませんが、熟練パイロットは間違いなく IFR の方が容易だと答えるでしょう。必要な Tool を使いこなすことで正確にルートを辿り、より確実なフライトができるからです。

この優遇されたフライトを行うためには、計器飛行証明、最近の飛行経験(計器飛行 6 時間／180 日)を満たし機体の装備などが満足されなければならないのは言うまでもありません。

これらの法的な要件を改めて列記することは省きます。学生の皆さんは航空法施行規則を実際に紐解いて、（今はインターネットでも公開されているので誰でも直ぐ確認できます）正確な用語を覚えてください。

この実践 IFR では、計器飛行方式に関わるいろいろなポイントをフライトの流れに沿って整理を試みました。

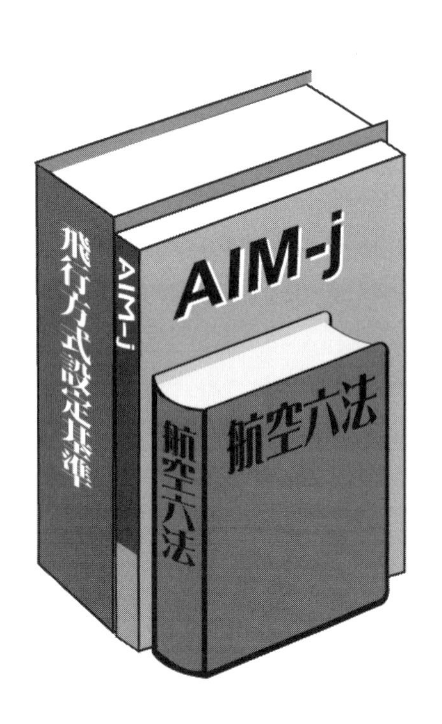

1－1　計器飛行の流れ

計器飛行の極意は、事前の準備・計画を綿密に行うこと、常に一歩先の手を考えておくことでしょう。

IFR の利点を最大限に活用し、安全な運航を実現するためには、事前にしっかりした準備を行い、フライト中も行き詰まる前に一歩先の手当を怠りなく実践していくことが IFR の利点を活用する鍵となります。

Engine 取り扱いなどを含む訓練機の固有の procedure 操作手順は省き、IFR に関わる内容に限定して各飛行 phase に沿って流れを追ってみましょう。

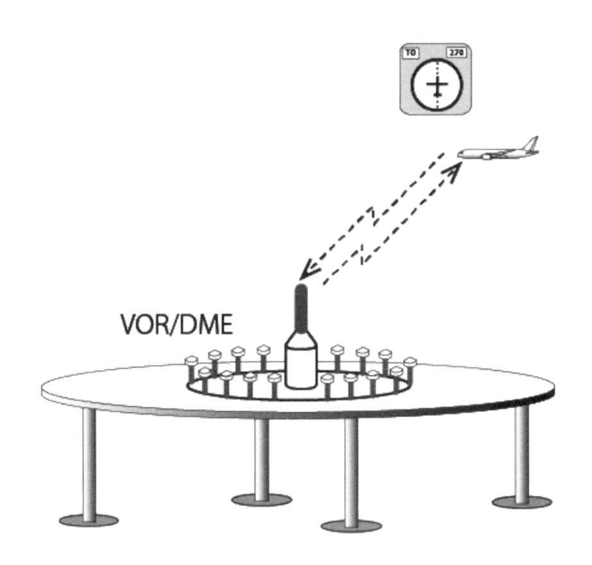

出発前日までに

何事も義務的にやらされている感じで渋々学習するのはあまり面白くないものです。

しかし、フライトの準備、特にIFRとなると話は別です。

机に座って難しいことを学者のように生真面目に学習するばかりではありません。

むしろソファーやベッドに寝転がりながら、あるいは散歩しながらでも、フライトの流れにそってイメージトレーニングを行い、必要なポイントを確認します。IFRでは事前準備したことが確実にフライトの成果として表れますので面白く、とてもやりがいがあります。

翌日のフライトの準備・研究をするときに用いるチャートとしては以下のようなものがあります。

- 出発空港のSPOT、Taxiルート
- 出発地のSID
- 出発地の進入方式（突然の引き返しに備えるため、Weather Minima等）
- エンルートのReview（MEA、Change Over Point、FSC周波数、不測の事態が起きた場合の緊急着陸空港の選定）
- 目的地のSTAR
- 目的地の進入方式（Weather Minima、進入方式に続くMissed Approachまで確実にReview）
- 着陸した後の駐機場までのTaxiルート
- Divertの方法
- 代替空港への進入方式（Wx Minima、Missed Approachを

含む Review）

出発空港に関しては、Takeoff Minima の確認、ATC クリアランス、SID を正確になぞるための NAV セットの方法、切り替えのタイミング、高度制限と性能の確認、タスクが重なりそうなポイント、Engine Fail 時に性能を満足できない場合の Procedure・ルートなどとなります。

到着空港の進入方式については、

- 進入できる最低気象条件
- 高度制限、NAV セット、ATC への Contact 要領
- Minima、MDA および Missed Approach Point から逆算による降下プランニング（Hi-Station の適切な高度を推測、最大許容高度を算出）、これに伴う Base Turn の開始 Point のプランニング
- Gear、Flap を出すタイミング（減速のタイミング）
- MDA からの降下開始のタイミング
- レーダーベクター中の Lost Communication Procedure
- Circling を行う場合の Break した後の HDG はいくつか、何秒飛ぶか？
- Missed Approach を実施した場合の飛行経路、NAV セット方法、高度、Holding のエントリー予測

などをあらかじめ研究しておきます。

例えば Holding のオフセットとパラレルの境界は誰でも直ぐに分かりますが、オフセットとダイレクトの境界線となる 70° のコースは、フライト中のタスクの多い中ではなかなか正確に直ぐに出てこないものです。地上でゆっくり確認しておくことで1歩も2歩

もアドバンテージを持つことができるのです。

当日の出発準備

- Weather の確認・・・・出発地、目的地、代替地、緊急着陸地、エンルート（Icing /Turbulence/高度選定、必要燃料算出）
- NOTAM の確認・・・(必要な NAV facility の停止はないか？Minima 等の変更はないか？)
- NAV LOG の作成（予測の風などで算出)・・・・所要時間および必要燃料の算出
- Weight/Balance の作成
- T/O Data の作成
- 寄港地の PPR 取得
- Flight Plan のファイル
- 運航管理における必要手続き
- 機体点検
- 試運転

出発できるかどうか Weather の確認はどのように行うのでしょうか？

出発地、目的地、代替空港が最低条件を満足しているかどうか確認します。

出発地については離陸の最低気象条件（TKOF ALTN AP FILED)を満足する必要がありますが、更に単発機か、または双発機で1時間以内に到達できる場所に離陸の代替空港を選定できない場合は Available Landing Minima 以上の気象条件が求められます。
（詳細については最低気象条件の項にて後述します)

目的地の到着予定時刻の気象予報が着陸できる可能性のある予報でないと運航する意味がありません。各航空会社、大学でもそのような規定を設定しています。

また目的地の天候が代替空港を選定する必要がないほど、良好な気象予報かどうかによって法的に必要とされる搭載燃料も変わってきます。

（代替空港を示さなくてよい気象状態の詳細については最低気象条件の項に記載）

航空運送以外の（使用事業の）IFR に必要な搭載燃料は

（着陸地までの飛行に要する燃料）+（代替空港までの燃料）+（巡航 45 分）

となっているところが、代替空港を表示しなくてよい場合は、

（着陸地までの飛行に要する燃料）＋（巡航 45 分）

が法的に求められる搭載燃料となります。

エンジン始動・出発

ATIS で最新の情報を入手した後、一般的にはエンジンスタート 5 分前にクリアランスをもらいます。このクリアランスには以下のようなものが順番に告げられます。

- 管制承認限界点
- 出発方式
- 経路
- Initial Altitude
- 周波数

・ トランスポンダーコード

熊本空港から高知空港へ向かう場合の一例として

" Clear to Kochi Airport Via RINDO 5 Departure MIYAZAKI transition then flight planned route Maintain 9000 Dep Frequency 126.5 Squawk2312"

などのクリアランスがもらえます。

クリアランスは何らかのメモに必ず残す癖をつけます。

ライン運航では実際に飛行するフライトプランの上欄などに記録を残します。IFR のクリアランスはほぼ予測できるので、あらかじめ準備し必要な部分を追加記録できるような準備をして聞き取り、Read back します。

例えば：

CLR to（KOCHI）Via（　　　　）（　　　　）

Maintain（　　　）Freq（　　　）SQ(　　　)

というようなメモをあらかじめ準備しておき、クリアランス受領時に埋めていく要領です。

Taxi 開始

最近は大きな空港では複雑な Taxi Route が増えています。事前に Taxiway の名前を頭に入れ、管制指示が来た時のルートを頭の中でイメージできるようにしておきます。飛ぶことは上手なパイロットでも、地上でルートを間違って汚点を残すことが意外と多いのです。

誘導路の名前は闇雲に覚えるのでなく、その空港の Naming のコンセプトを謎解きすると覚えやすくなります。羽田、成田はもちろん欧米にはもっと滑走路の数が多い大空港もあり、これらの空港の誘導の naming ルールを見つけ出すのは面白いものです。

これまでは、空中を飛行する飛行機にとっては地上の飛行機からのトランスポンダーシグナルは邪魔な Noise だったため、離陸直前に ON にし、着陸後速やかに OFF にするような Procedure で統一されていました。これがここ数年、大きな空港ではマルチラテレーションの導入で、飛行機がスポットから移動開始する時点でトランスポンダーをオンにするような指示が出されています。

これはどのようなシステムなのでしょうか？

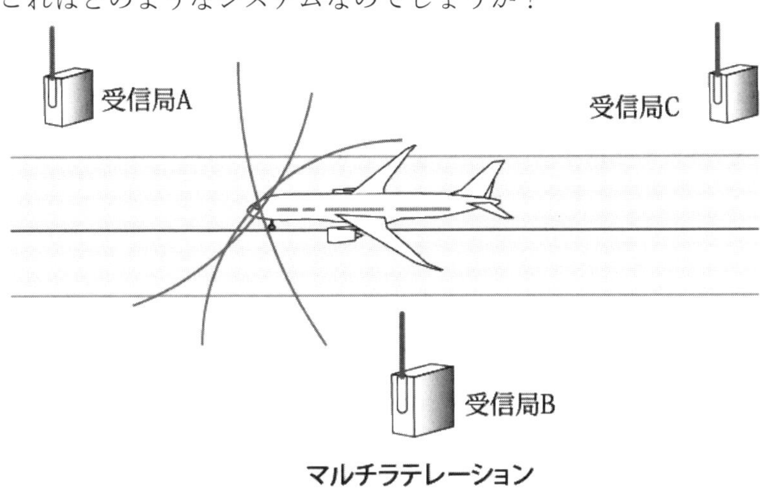

マルチラテレーション

これまで ASDE という飛行場の Surface(表面)・誘導路などにいる飛行機をレーダーで監視していたシステムに代わって、飛行機トランスポンダーからのシグナルを利用して視程の悪い場合にも位置を把握できるようにするシステムです。

更に、誘導路上のどこに飛行機がいるかを把握するためだけでなく、Runway incursion（滑走路誤進入）防止にも利用されるようになってきています。

Runway Status Light は管制官の手動によるコントロールを経ずに、上記マルチラテレーションのシステムと連動し、例えば進入する飛行機が滑走路に近づくと当該飛行機が着陸するまで滑走路の入り口の Hold Line の所に Runway Entrance Light が赤く点灯し、離陸を待つ飛行機が滑走路へ誤進入するのを防ぎます。また、着陸した飛行機が滑走路を出るまでは滑走路の中心線灯が赤色で点灯し、離陸をしないように警告を出すようになっています（Takeoff Hold Light)。

このシステムは管制官の On、Off 操作によらず、飛行機のトランスポンダーからのシグナルで自動的に作動するのでヒューマンエラーを防止することが可能となりました。

滑走路誤進入は無視できない頻度で発生していましたので、このシステムが未然に誤進入の発生防止に役立つことが期待されています。

Hold Short of Runway と言われたら Hold Line にできるだけ近く、しかし Line を超えない位置で Hold します。かつて Hold Line から少し間をあけて待機していたジェット機の後ろを通過する飛行機の主翼が、Hold している飛行機の尾翼とぶつかってしまった事例が実際にあるのです。

離陸後

通常離陸したら速やかに Departure と Contact するように指示が出されます。AIM にも解説されているように、出発滑走路端から 1nm 以内にレーダーコンタクトした場合は改めて機位確認が不要となっていますが、それより遠い場合はレーダーターゲットが当該機のものかどうかの確認作業がひと手間増えるからです。
（管制通信は簡略化できるものはできるだけ簡略化するのが交信量を減らすことにも貢献します)。

従って管制から Departure へ切り替えの指示を受けたら、周波数を切り替え、他の通信がなされていないことが確認できたら直ぐにコンタクトをとります。

熊本空港を出発すると“Contact Departure 126.5”の指示がきます。

この指示があり、Departure に切り替えたときの initial contact は何と言えばよいでしょう？

“Kumamoto Departure JA5300 Leaving 2500 climbing to 9000.”
などが一例ですが、必ず現在の通過高度を伝えます。

なぜでしょうか？

この通報を受ける出発管制を行う管制官は、レーダー画面に表示されている当該機のトランスポンダーから自動的に送られてきた高度表示とパイロットが通報した高度を比較し、300ft 以上違う場合は飛行機の高度を再確認することになっています。

再確認でも 300ft を超える差がある場合は、高度計補正（アルティメターセット）が正しいかどうかなど確認し、それでも違う場合は高度の自動送信を止めるよう指示が出されます。このように出発時にレーダーと高度をすり合わせる大切な作業であることを理解して、必ず**通過高度を 100ft 単位で正確に通報します**。

SID に記載されている高度制限は通常そのまま守る必要があります。もし守れない場合はあらかじめ管制にその旨を伝えておく必要があります。福岡を出発し東京へ向かう Airline のフライトで、冬場の日本上空では、強い西風(200kt を超えることは珍しくない)

の影響を受け、高度制限が守れないことがあります。

例えば YOKAT Departure Matsuyama Transition などでは YOKAT、KOHZA、BRAID など高度が定められている高度で通過できない可能性があります。この場合はあらかじめ管制にその旨伝えておく必要があるのです。

管制官からの指示で高度制限が変更される場合の対応は注意が必要です。地上にいる間に ATC から何らかの高度指示があった場合も SID の残りの高度制限は有効です。

ただし、いったん離陸した後、空中で ATC から新たな高度指示があった場合はそれ以降の高度制限は全て無くなります。管制側で残したい高度制限は、改めて全て言い直すというルールに変更されました。

巡航に移ったら、まず・・・

巡航に移り、飛行機のトリムアップが完了し、安定したフライトを確立し NAV ログなどの必要な記入が完了したら、現在の NAV セットをどのタイミングで切り替えていくかの計画を立てます。

もし、ルート上に障害物等の関係で COP（change over point）が設定されていれば、このポイントで使用 NAV Facility を後方から前方に切り替える必要があります。無い場合は中間地点で切り替えます。

切り替えたときは ID を確認し、周波数の勘違いを防止することが大切です。切り替えた場合は Variation の関係でコースの値が変わる可能性にも留意します。実際にあった学生の失敗事例として、鹿児島へ向かう LEG で宮崎をチューニングしたままで飛行を続けたことがあります。結果は想像通りです。チューニング後の ID 確認がしっかりできていないとこのようなことになってしまいます。ID は Facility のボックスにも書かれていますが、これだけに常に頼るよりは、ある程度記憶し、音だけで判断できるようになる方が望ましいとも言えます。

以下の ID はエンルートチャートの上、欄外にも記されています。

A •—	B —•••	C —•—•	D —••	E•	F••—•	G ——•
H••••	I ••	J •———	K —•—	L •—••	M ——	N —•
O ———	P •——•	Q ——•—	R•—•	S•••	T—	U ••—
V •••—	W•——	X —••—	Y —•——	Z ——••		

ここまでの一連の作業が無事に終わったらホッとしがちですが、ここからが勝負どころとなります。IFR の極意で触れたように、すぐ次の一手を考えます。

次の一手は何でしょう？

もともと IFR フライトの最終目的は、目的地にお客様を運ぶことです。目的地に無事安全に着陸できることを目指してフライトを組み立ててきていますから、小型機の飛行訓練で行うような比較的 Short Leg のフライトでは、巡航に移ったらできるだけ早く目的地の気象情報を含む使用滑走路・進入方式などの最新情報を入手し、降下進入の計画を立てて準備を進めます。ATIS が最も効果的な情報を含んでいます。空港の ATIS が直接聞き取れない場合は FSC "○○Information"を有効に活用します。

目的地の進入方式、滑走路が分かったら私たちの仲間では以下の３つを押さえていました。

○ **NAV Set**
○ **Bug Set**
○ **Briefing**

Nav Set というのは目的地の空港の進入方式にセットする NAV の周波数、コースなどの確認です。(右側に現在使用しないで済む HSI 等がある場合はここにセットするのも一法であり、周波数の STBY 窓にセットできるものはそのようにしておきます)

Bug Set というのは進入するときの Minimum Bug の確認・セットやジェットでは進入する速度(Vref の確認)の確認・セットです。実際にラインで運航する場合、飛行機のカテゴリーだけでなく、機長の保有資格などで進入できる Minima が変わってきます。これらを進入開始する前に明確にすることは大切なポイントです。

Briefing とは進入着陸に関する Landing Briefing を指しています。皆さんはどのようなことを進入開始前に再確認しますか？

Briefing を的確に行い、何が起きても心静かに進入着陸を続けられるようにあらかじめ必要事項は確認しておきます。また、2 人乗りの飛行機では操縦を受け持つ側 (PF) の意図をどのような飛び方を計画しているのか Briefing を通して明確にすることで、これをモニターする側 (PM) がこの確認事項を元にいろいろアドバイスできるよう態勢を整えます。

訓練飛行においても自分の飛行方法や段取りを口に出して伝えておくことは訓練効果があると考えられます。

このような観点から以下のような項目を事前に確認しておきます。

- 進入方式のチャートが最新情報であること
- 計器進入のチャートだけでなく、関連 STAR のチャートも確認
- 進入方式による飛行の概略
- Descent Plan の確認（途中の高度制限、MDA 等）
- 精密進入なら DA
- 非精密進入で直線進入における VDP
- 着陸後の駐機場までの道順
- Missed Approach の開始点
- Missed Approach の方法

一般的にレーダーベクターが多い空港では、慣れてくると油断から STAR のチャートを準備せずに計器進入方式のチャートのみで準備を済ませることがありますが、ベテランになっても可能性のある STAR のチャート等は準備を怠らないようにしておきます。

かつて、羽田空港へ進入着陸するときに、計器進入のチャートだけを準備して降下進入していた機長が、混雑のため STAR の開始点で Holding の指示を受けたのですが、Holding パターンが分からずミスをした事例が報告されています。(Holding パターンは STAR のチャートにしか記載されていませんでした)

STAR 開始点での Holding パターンを ATC に問い合わせようとしたのですが、ATC は混雑しており、"As Published" としか教えてくれず、しかも通信が大変混雑していたため、それ以上割り込んで話をできなかったために、Holding を逆の方向へ回ってしまい、大きなペナルティーを科せられる結果となりました。

日常のライン運航では進入着陸を実施した場合、最後は着陸まで

たどり着くことが大半であり、Missed Approach を行う頻度は多くありません。そのためにこそ Missed approach をしっかり確認しておかないと、めったに使わない手順を実施するので落とし穴に陥りやすいことになります。Missed Approach の出来具合でパイロットのレベルを推し量ることができるという説もあります。

飛行機の力学的な位置エネルギーも低い位置から高度を上げていく必要があります。

フラップやギアなども着陸直前では最も抵抗の大きい状態にセットしており、上昇中は速度制限にも気を配りながら Retract していく作業は負荷のかかる作業です。安全に関する余裕が小さくなっている Phase であることは疑いの余地はありません。気象の面からも、進入着陸が完遂できなかった低視程の中での Missed Approach と考えられるので、更に飛行の困難さに拍車をかけます。

ATC などの突発的な Missed Approach では猶更、心に余裕がない状態で Published 手順を追っていかなければならないことを考えると、Missed Approach の手順をしっかり頭に叩き込んでおくことが大切です。過去には大手航空会社が羽田空港で Missed Approach を左右逆の方に旋回し、他のトラフィックに近づいて危険な状況になったケースもあったようです。

何事も、一歩手前で準備を整えておくことの大切さを教えてくれる代表的な事例の一つです。

いろいろな作業中、Briefing 中でも外部監視は怠らないようにします。IFR では雲などの視界不良も影響を受けないことは既に述べた通りですが、それでも CB、着氷域などは極力回避するように努めるべきです。

もう一つ、学生から本物のパイロットへ成長するための大切なお話をします。

それは、**自分が飛行機を飛ばすということです**。

ごく当たり前のことですが、教官や友人、あるいは管制官や試験官のためにフライトを作っていくのではなく、自分が機長としてどのように飛びたいのかが最も大切だということです。

そのために何をすべきかを常に考えるべきです。

レーダーベクター中には、闇雲に管制指示に従うだけの人が時々いますが、滑走路との位置関係や空港周辺の地形、障害物などを常に把握しておくことが重要です。

管制官も間違えることがあります。旭川空港へ向かう飛行機がレーダーベクターで 6000ft 級の山の方向に間違って 5000ft くらいで誘導を受け、対地接近警報が鳴った事例が報告されています。

最終的に、パイロットは自分が飛んでいる位置を把握しながら、飛びたいコース、高度、ポイントについて明確に意思を持ちながらレーダーベクターを受けなくてはいけないということです。

巡航の後半から降下にかけて

航法計算盤を使って正確な数値を算出できる能力も必要ではありますが、それと同時に操縦しながら頭の中で概算ができることが大きなミスを防ぐコツになります。ログに記入した数値に大きな誤りがないか、余裕ができたら概算で検算するのがよいでしょう。

例えば GS が 120kt 出ていれば、1 分間に 2nm 進み、18nm 残っていれば約 9 分かかることになる、9 分で降下できる高度は Idle 時の降下率×9・・・・などです。

進入着陸する滑走路が降下開始直前に変更となることがあります。

例えば長崎 RWY 14 の VOR Approach が行われており、降下進入の計画も 14 のつもりで準備していたのに、突然滑走路が 32 に変わった場合、正確な計算をするよりも降下開始のポイントが大きく手前に移る可能性を直ちに理解し、降下をリクエストする地点に近づいていないか、既に過ぎていないかなどを概算でつかめるかがポイントとなります。

一般に耳などへの悪影響をある程度抑え、飛行機の性能上も無理なく降下できる気圧の変化にするには、約 3° の降下角を目安とするのが適切です。3° の降下角にするには 10nm で 3000ft の降下となります。現在の高度から降下すべき高度差を概算で計算するのはそれほど難しい作業ではありません。降下にどれくらいの距離が必要かを大雑把でよいのでいつでもリマインドする癖をつけることで、降下開始のタイミングを大きく外すことを防げるでしょう。

Hi-Station から MDA に降下するときの詳細な降下のプランニングについては、後ほど詳しく述べることにします。

降下についてのイメージづくり

飛行機を操縦し、最後に滑走路の接地点に安全な着陸を行うためには、それよりも手前の部分において、飛行機の状態（位置・高度・速度）を許容範囲内に置くことが大切です。

例えば Outer Marker を通過するときに、高度だけは何とか間に

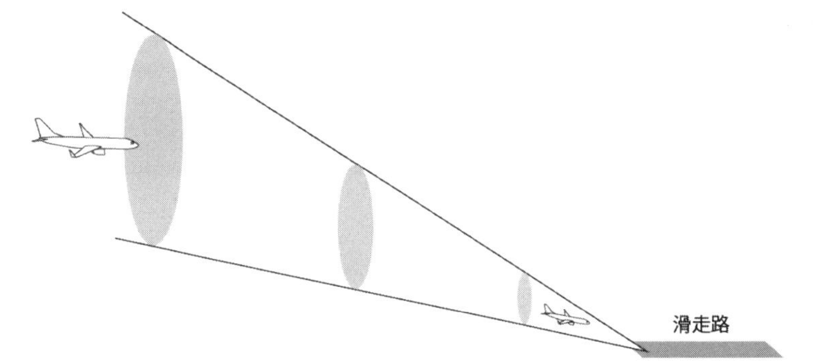

合わせても飛行機の Configuration が整っていなかったり、減速が間に合わなかったりしては安全で落ち着いた良い進入着陸はできません。これが、更に手前のゲートになると許容範囲は少しずつ大きくなりますが、それでもある一定の範囲に入っておくことが求められます。

必要な情報を収集し、常にこの着陸地点に向かってきれいに収束していける段取りのイメージを作ります。ジグザグコースや場合によってはリバースコースでも、経路を一本の線に伸ばして Touch down の 5nm 手前、10nm 手前でどうすればよいかを考えれば同じことになります。

このように Procedure（Weather 入手、NAV セット、Bug セット、Briefing）や Descend Plan、Configuration Set up 等、着陸から逆算してどこで終わらせるか、それに対して今何をしなければならないか、今どうあるべきかなどを考えておき、Procedure に追われ飛行機より behind になることのない Flight を行っていく必要があります。

この降下進入のイメージができれば、どのような空港へ行っても、どのような変形のルートで進入しても、いつも同じような準備と一歩先読みの安心フライトができるでしょう。

管制官は、安全運航をサポートするためにいろいろな助言をし、また、ほぼ適切なタイミングで降下の許可などを発出するように心掛けています。しかしながら、イメージに沿って飛行機をコントロールしていく最終責任はパイロットにあります。降下のタイミングが遅れたとき、後から管制官の指示遅れを言い訳にしても意味がありません。降下すべき高度、インターセプト HDG など必要なときは管制にリクエストし、余裕のあるフライトを組み立てることが安全につながり、機長としてお客様をお乗せするときの大切なポイントとなります。

Non Precision での降下計画

Airline においては、できるだけ効率よく、また快適なように VNAV・LNAV や FMS を有効に利用した Continuous Descent 方式が一般的になりつつあります。この降下方式では MDA で水平飛行をせず滑走路の接地点へ向けて一定の降下率で降下を続ける方式です。

しかしながら学生の皆さんが FMS や VNAV 機能がない機材を使って、基礎訓練の中で Non Precision を実践していく場合、まず VDP に到達する地点より前に MDA に降下し、MDA を維持しながら滑走路または必要な目視物標を視認して VDP から降下していく方式で進入を計画し、実践できる能力を示すことが求められます。

VDP に到達する前に MDA まで降下していないと、目指していた着陸の機会を逃すことになりかねません。あるいは進入着陸の最後を正常な進入パスで降下できなくなってしまいます。

また、MDA に降下後 VDP に到達する前に滑走路など目視物標が見えたからといって降下を開始するのも危険操作となります。VDP は滑走路の接地点から適切な降下角（通常3°）で引いた降下経路と MDA が交わる点ですから、このポイントから降下を開始します。

（VDP の定義は PAPI の on Glide の最下限と交差する地点ですから急激に降下姿勢を作るのではなく、慌てずに普通の降下に移っていけばよいのです）

クアラルンプール空港へ Non Precision Approach 中ゴム園に墜落した事故では、この降下開始ポイントの問題が含まれているとも言われています。

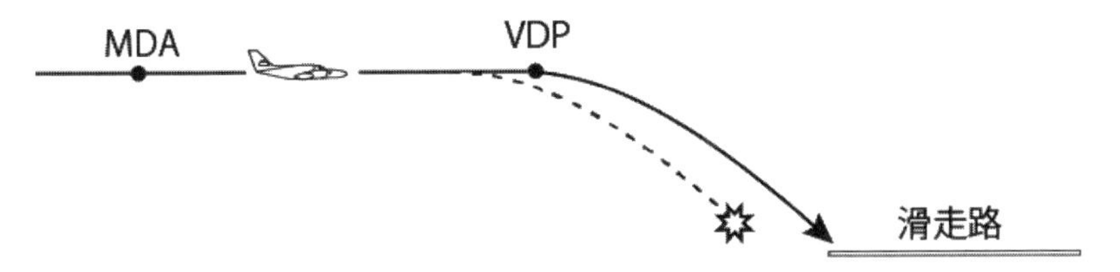

VDP に到達する前にある程度の余裕（0.5nm または 1nm など）をもって MDA に到達することから逆算し、ベースターンをどこで実施するか等の降下の計画などを立てます。

降下のプランニングを立てる中で以下のような部分に注意を払います。

- 途中の高度制限（例えばファイナルへインターセプトするまでの最低高度）
- ベースターンの開始時期や最大距離が決まっている場合がある
- FAF がある場合はこの位置に留意
- 他機との関係などを考慮した効率のよい Approach

例えば熊本の事例を見てみましょう。

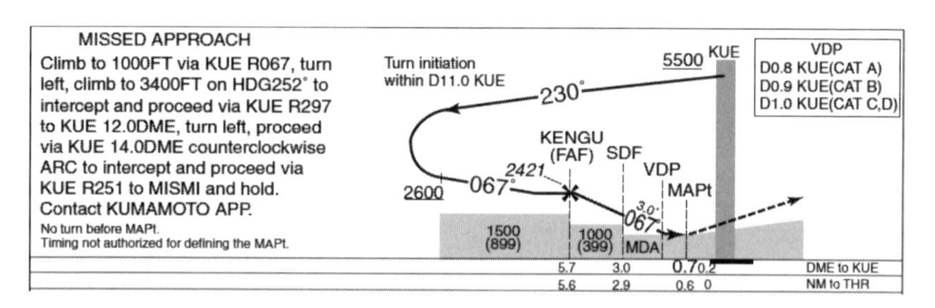

チャートからいくつかの守るべきポイントをピックアップしますと・・・

- Hi- Station として KUE を出発するときの最低高度は 5500ft
- ベースターンの開始は 11nm 以内
- Final 067 の Inbound コースへインターセプトするまでは最低高度 2600ft

その他に考慮すべきものとして

- FAF が 5.7nm なのでこれより以遠でインターセプトの計画をする
  （この Approach が一応成立するためには、どんなに空港に近づいても FAF の 5.7nm 以遠でファイナルコースに乗る必要があります)
- VDP はビーチ 58 バロンの場合カテゴリーB なので 0.9nm KUE までに MDA（890ft）に降下する必要がある
- ファイナルコースで 2600ft から 890ft に降下するので 1710ft（フライト中は概算しやすいように約 1800ft）高度処理が必要・・・・6nm 必要（3°パスで 1nm：300ft）

これらを考慮し 8nm 残して Final に乗るためには、特別な強風でなければ8nm KUE辺りでBase Turnを開始すれば、必要な要件を満足できそうだということになります。

次に高い高度でHoldingをしていた場合にHi-Stationを高度いくらまで許容できるか（最大高度）の予測を立ててみましょう。

ベースターンの開始は11nm以内となっています。フライトのいろいろな局面で言えることですが、リミットぎりぎりは失敗を招く可能性があります。旋回角をとる操作の余裕まで考慮すると、通常は一番遠方で約 10nm において旋回を開始すると考えると、Outbound とInbound で20nm。旋回部分を入れて21nm。MDAにVDPの1nm手前で（1.9nm）約2nm前にLevel offする計画にすると、21－2=19nm。19nm で3° のパスでは5700ft降下できる。（20分では20 × 3・・・19分では6000ft－300＝5700ft）

これにMDAの高度分(890)を足して約6500ftまでは、無理な降下をせずに進入が行えることが予測できます。

KUE の上空で待機中に進入許可が得られたら、Hi-station を6500ft 以下にできるように計画すれば、無駄な Holding を追加せずに計器進入ができることになります。

ここで、北九州空港の例を見てみましょう。次図は北九州空港のVOR/DME RWY 18の計器進入チャートです。

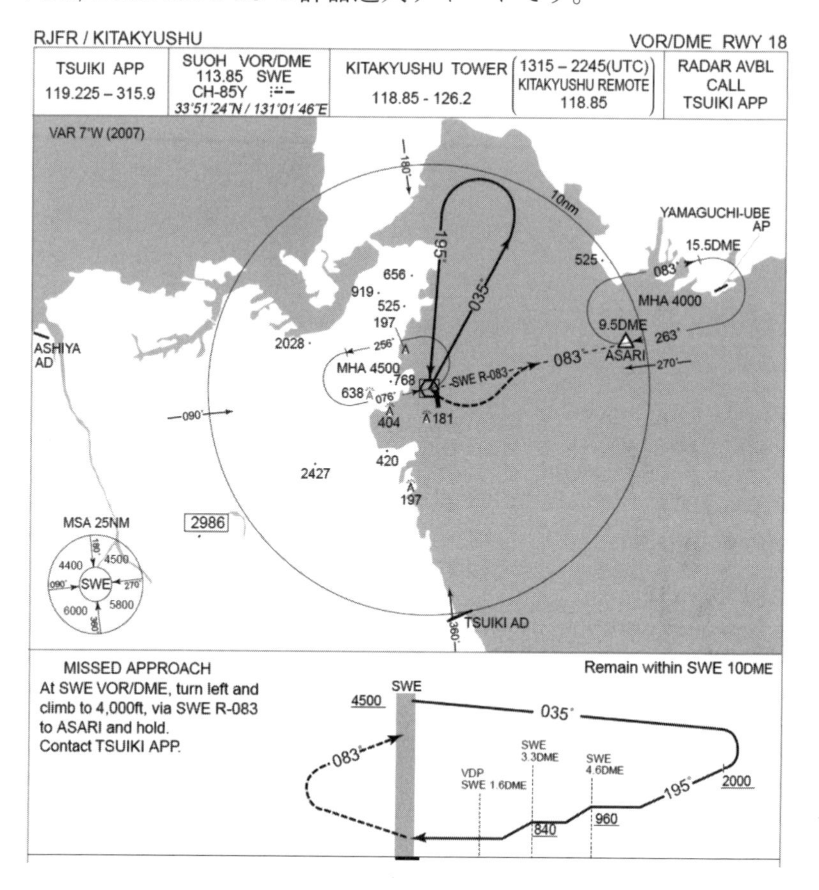

断面図の右に「Remain within SWE 10 DME」と注意書きがあります。したがってSWEの10nm DMEの範囲内で旋回を終える必要があります。

少しくどくなりますが、熊本の11nm以内で旋回を開始しなさいという指示と違い、SWE（VOR/DME）10nmの範囲内で旋回を終えなければならないということです。

通常、風に向かう滑走路を使用しているので、outbound では追い風の場合が多く、この場合滑走路 18 を使用するということは南風になります。しかも上空に行くと地上に比べ風速が強いことが多いので、このような旋回範囲の制限がある場合は、旋回中にこれを飛び越えないように注意が必要です。

Holding

Holding を余儀なくされることは、混雑している空港では止むを得ないことです。どの航空会社のパイロットも、自分より他機が優先されているような理不尽な気持ちを持ちがちですが、一般的に（特に日本では）管制は公平にルール通りに運用されています。自分には把握できない状況もあると理解し、冷静な気持ちを維持しましょう。

Holding の指示を受けたら、どのようなことを考慮すればよいのでしょうか？

- Airline では、お客様の快適性を考慮し Holding Fix でグルグル回ることを減らせるように Fix 到達前に減速を開始します。小型機の場合、最大待機速度を上回る可能性は低いと考えられますが、ジェット機では最大待機速度まで減速します。望ましいのは、できるだけ燃料消費を少なくする飛行速度および Configuration で待機に入ることです。
- Holding のエントリーを確認します。
  Holding を設定と逆の方に旋回すると隣の待機経路と交錯したり、空域をはみ出したりすることがあり、Violation となることがあります。Holding のエントリーはご存知のように Holding を大きく 70°、110°、180° で切り分けた 3 つで、

HDG±5° までは境界が属するどちらのエントリーでもよいことになっています。境界線の近くでOffsetかParallelを迷う場合は、Offsetの方がInboundに乗りやすくなることを当校の学生には勧めています。

・ 残燃料からいつまでHolding可能か計算します。
Line運航では余分な燃料を多く搭載すると、その分燃料消費が増えるので法律と会社の規定に従った適正な量の燃料で出発しているため、Holdingできる時間には限界があります。そのためにもEAT/EACをATCに確認し、残燃料による今後の飛行方針を決めていく必要があります。混雑によるものか気象状態によるものかにより、その後の対応も変化します。

Clear for Approachがもらえたら

Holding中に進入許可が来た場合は、どのように飛行すればよいでしょう?

我が校の学生の一般的な飛行を見ていますと、OutboundでClear for Approachが得られた場合でも1分のOutboundをきっちり飛行してInboundに向かうことがよくありますが、この場合Holdingパターンを正確に1分飛ぶ必要はありません。速やかに管制指示に従い、効率のよい運航を目指すべきです。

Holding後の進入コースにもよりますが、このコースを問題なく飛べるのであれば、進入開始前の若干の余裕だけ確保できたところで速やかに進入開始Fixの方へ旋回し進入を開始する必要があります。

高度はどうすればよいでしょうか? 通常、進入許可が得られた場合は、Holdingパターンで許容されている最低高度(MHA)へ向けて降下を開始できます。

Hi-Station を通過しコースを大きく Overshoot した場合は、Outbound コースに乗ってから降下開始します。

※訓練で Holding を実施している状況で“Advise when Ready for Approach”と言われた場合、どのタイミングで“Ready for Approach”を Call すればいいでしょう？　研究しておいてください。

“Clear for approach”を受領した場合は進入経路のみでなく、Missed Approach Point を通過する前までは Missed Approach の経路を飛行することまで含めた許可が得られたことになります。

しかしながら Missed Approach Point を過ぎた後は、取り扱いが変わり、これ以降に Go-around をしたような場合には新たな管制許可・指示が必要となりますので、速やかに管制機関とコンタクトしなければなりません。厳密に言うと Missed Approach Point を過ぎた後は Published MAP コースを飛ぶ権利がなくなっています。AIM-J にはとりあえず滑走路側に旋回しながら指示を仰ぐような表現になっていますが、できるだけ早く管制指示をもらわないと、次に進入してきているトラフィックと Head On になる可能性もあります。

STAR と INST Approach の違い

STAR と INST APP には明確な違いがあります。以下は熊本空港の例です。

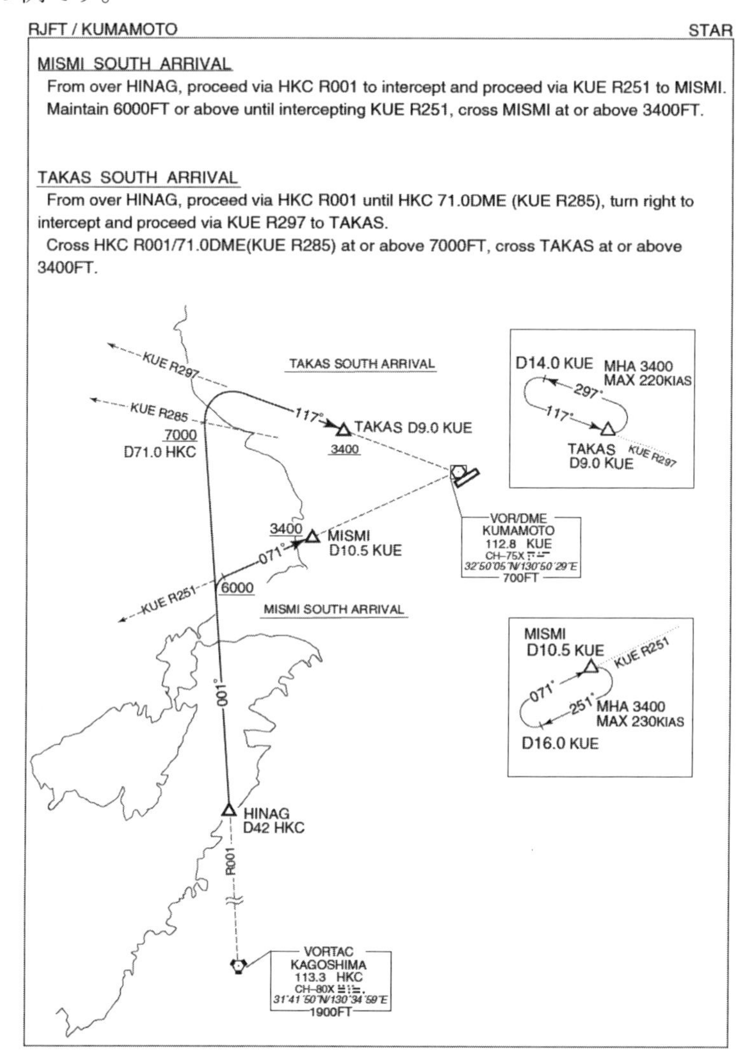

空港の南から帰投するために、HINAG から ILS 07 approach が実施されているときに MISMI South arrival の管制許可を得ただけで勝手に高度を下すことはできません。**STAR だけの許可には降下指示は含まれていません**。

一方、INST Approach の許可には降下も含まれます。したがって
“CLR for ILS RW 07 Approach via MISMI South Arrival”
という管制許可が得られたら、KUE 071 の inbound コースに intercept するまでは 6000ft 以上、MISMI で 3400ft 以上を守るように降下をしていくことが可能になります。

また、管制官と運航乗務員の間でいろいろ議論をされた結果一致した見解として、あらかじめ使用されている STAR が分かっている場合、ATC の混雑などで STAR の開始点に近づいても further clearance が得られない場合は、STAR の開始点で Holding するのではなく、そのまま STAR に従って飛行を続けるべきだということが AIM-J に明記されています。

ところが INST Approach に関しては話が別です。許可が得られない場合は勝手に計器進入を開始できません。ILS の Final コースへの intercept HDG を指示されていてもクリアランスがもらえなければ、コースを突っ切ってでもその HDG を維持することになります。コースを通り過ぎそうな場合は、おかしいなと思いながら逡巡しているより、管制に「クリアランス」をリクエストするか「Confirm Still Maintain HDG○○○」などと問い合わせるのがよいでしょう。

最終進入

延々とフライトをしてきた最後の仕上げです。安定したILSアプローチを実施するためのヒントをお話します。ILSでDEVIATION Barが左右に逃げ出すのを追いかけるのは、切ないものです。

GSのバーが着陸前にはどこかへ消えてしまった経験のある人もあることでしょう。

ILSはなぜ難しいのでしょうか？

滑走路に近づくにつれ電波の幅が狭くなっています。

Deviation Barの1ドットのズレを表示させる実際のズレの距離がどんどん小さくなるのですから、Deviation Barを追いかけて同じコントロールを繰り返したのでは、一向に収束できないばかりかズレ幅が拡大していくことになります。

厳しいギリギリの気象状態下では、Deviation Barを追いかけているパイロットに旅客便の計器進入・着陸を任せることは躊躇せざるをえません。

Finalでどうすれば安定するのでしょうか？

ILSでDeviation Barを追いかけずに徐々に収束するようなコントロールを目指すにはどうすればよいのでしょうか？

どんなに厳しくても、最後はAttitudeコントロールでADIを中心にコントロールすることが大切です。

LOCについてはDeviationを追いかけるのではなく、基準のHDGを意識してコントロールすることです。風上に暫定的にとった基準のHDGで飛んでみて、どちらかに流されるようであれば基準のHDGをその分修正してResetします。この基準のHDGを見つける作業がLateralコントロールの肝になります。目指すHDG

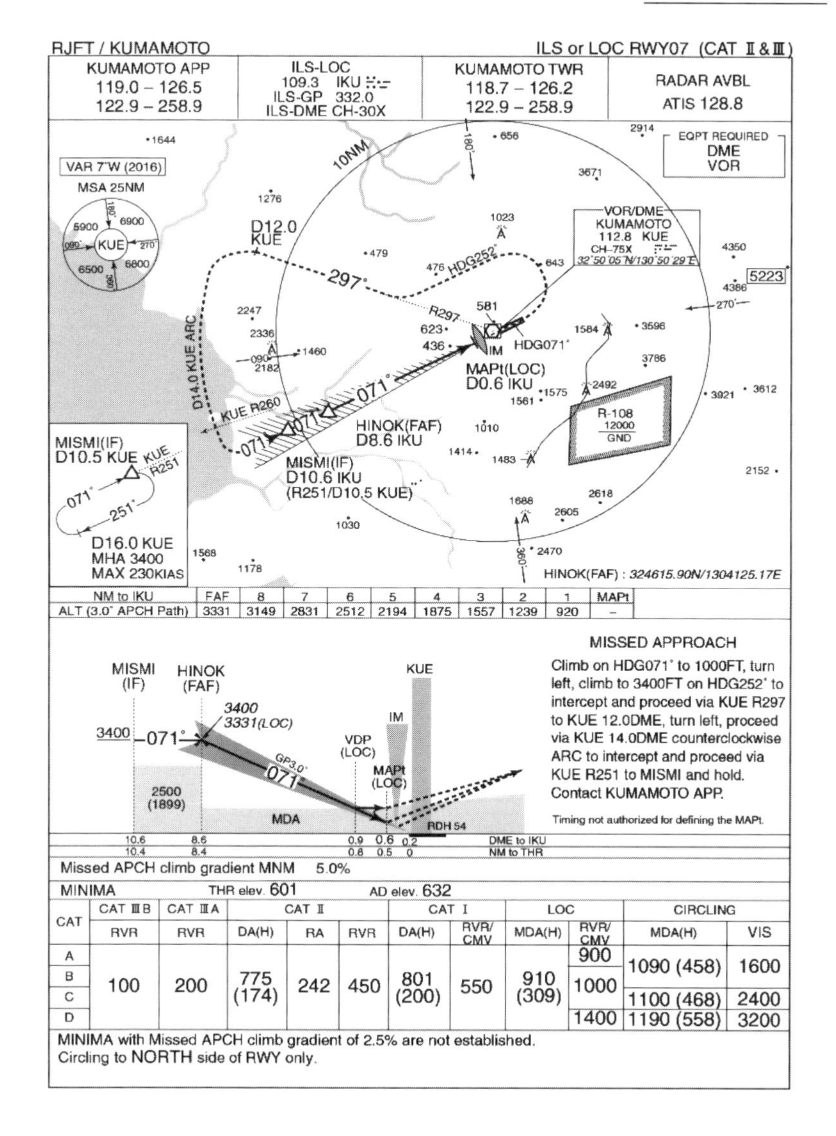
RJFT / KUMAMOTO
ILS or LOC RWY07 (CAT Ⅱ & Ⅲ)
KUMAMOTO APP
119.0 – 126.5
122.9 – 258.9
ILS-LOC
109.3 IKU
ILS-GP 332.0
ILS-DME CH-30X
KUMAMOTO TWR
118.7 – 126.2
122.9 – 258.9
RADAR AVBL
ATIS 128.8
VAR 7°W (2016)
MSA 25NM
5900
6900
6500
6800
KUE
EQPT REQUIRED
DME
VOR
VOR/DME
KUMAMOTO
112.8 KUE
CH-75X
32°50'05"N/130°50'29"E
10NM
D12.0
KUE
297°
HDG252°
R297
581
623
436
IM
HDG071°
MAPt(LOC)
D0.6 IKU
D14.0 KUE ARC
KUE R260
071°
HINOK(FAF)
D8.6 IKU
MISMI(IF)
D10.6 IKU
(R251/D10.5 KUE)
R-108
12000
GND
MISMI(IF)
D10.5 KUE
KUE
R251
071°
251°
D16.0 KUE
MHA 3400
MAX 230KIAS
HINOK(FAF) : 324615.90N/1304125.17E
5223
NM to IKU
FAF
8
7
6
5
4
3
2
1
MAPt
ALT (3.0° APCH Path)
3331
3149
2831
2512
2194
1875
1557
1239
920
–
MISSED APPROACH
Climb on HDG071° to 1000FT, turn left, climb to 3400FT on HDG252° to intercept and proceed via KUE R297 to KUE 12.0DME, turn left, proceed via KUE 14.0DME counterclockwise ARC to intercept and proceed via KUE R251 to MISMI and hold.
Contact KUMAMOTO APP.
Timing not authorized for defining the MAPt.
MISMI
(IF)
HINOK
(FAF)
3400
3331(LOC)
3400
071°
GP3.0°
VDP
(LOC)
MAPt
(LOC)
KUE
IM
2500
(1899)
MDA
RDH 54
10.6
8.6
0.9
0.6
0.2
DME to IKU
10.4
8.4
0.8
0.5
0
NM to THR
Missed APCH climb gradient MNM 5.0%
MINIMA
THR elev. 601
AD elev. 632
CAT
CAT ⅢB
CAT ⅢA
CAT Ⅱ
CAT Ⅰ
LOC
CIRCLING
RVR
RVR
DA(H)
RA
RVR
DA(H)
RVR/CMV
MDA(H)
RVR/CMV
MDA(H)
VIS
A
B
C
D
100
200
775 (174)
242
450
801 (200)
550
910 (309)
900
1000
1400
1090 (458)
1600
1100 (468)
2400
1190 (558)
3200
MINIMA with Missed APCH climb gradient of 2.5% are not established.
Circling to NORTH side of RWY only.

になったら、次は Wing Level が大切です。少しでも傾けると目を離している間に思いのほか HDG が変わるものです。

Vertical コントロールは、G/S の Deviation を追いかけるのではなく、ピッチを見つける作業です。ピッチを何度に置くという意志をもってコントロールし、その時の降下率を確認します。

3° の降下角は GS の 1/2 となります。120kt で降下している場合は 600ft ということになります。このことをベースとして頭に置きながら、1/2° 単位のピッチコントロールの微調整ができれば安定してくるでしょう。

例えば、−600ft/min の降下率で G/S の Deviation Pointer が徐々に下にズレていくようであればピッチを 1/2° 下げ降下率の変化を確認します。−700ft/min 位になったらこの位置で Deviation Bar のズレる動きが止まるかどうかを焦らずに待ちます。ここで性急に修正しようと −1000ft/min まで降下率を大きくするようなピッチまで下げてしまうと、それが敗因になり、結果 Deviation を追いかけるだけの素人のコントロールになってしまうのです。

−700ft/min で徐々に Deviation の動きが止まるか少し戻ってきたらしめたものです。センターに来る直前に降下率を −600fpm にする位置と思われるピッチを目指してセットします。G/S がピタリと止まったら成功です。一発でこのようにいかなくとも、考え方さえ理解できて、この意識をもってコントロールすれば必ず安定してくるでしょう。

繰り返しになりますが、外れた方へ、rate を 50〜100ft 以内で調整させるためのピッチ変化をさせて待つことが大切です。その位置で必ず rate が変わってくる、GS が寄ってくると言い聞かせながら辛抱します。GS の Deviation Bar がセンターに寄ってきたら見極めがついてきたターゲットピッチに戻します。

上記はあくまでも目安のパワーがある程度入っており、ほぼほぼのコースまで乗れている場合の修正操作です。仮に大きな Deviation がある場合は、できるだけ滑走路から離れている間にある程度迅速にコースに乗れるようにします。

滑走路が見えてから大きくズレていく人がいます。特に風が吹いているときはこのようになりやすい傾向があります。

滑走路が左右どちらに見えてくるか、またどの程度 WCA をとっているか意識しておき、Minima 近くで滑走路が見えたときに滑走路の方に機首を Align させることなく Composite Flight で計器と滑走路を交互に見て Control します。

滑走路の中心線に平行な航跡を心がけながら、接地点に突き刺さるようなつもりで、滑走路の接地目標へ引いた理想の進入経路を 1mm もずらさない厳しいコントロールを目指します。

そして接地前に基軸を合わせて必要なフレアをします。

いつの日か学生の皆さんが、自分自身で驚くほどうまく着陸できる喜びを味わえることを、期待しています！！！！

Attitude フライトや Instrument のスキャン方法については、FAA の参考資料を基に先ごろ私が著した『デジタル計器による計器飛行ハンドブック』に詳しく記載しました。こちらも参考にしてください。

ところで Tea Break として・・・

皆さんは、計器飛行証明を取得するまでは One Man で飛行機を飛ばす力を示して技能証明試験に合格しなければならないので、右側の計器パネルをあまり使わない人が多いように感じます。HSI をはじめ右側のパネルも機長の大切な道具ですから、有効に活用するのも一法だと思います。飛んでいる Active コースを左側にセットすることは必要ですが、右側には次のコースをセットすることや、Missed Approach の準備をしておくとリマインダーにもなり、ミスを防ぐ一助となります。

オフの日は、気持ちを切り替えてリフレッシュすることが大切です。しかし、オフの日に時間のかかるフライトの研究をすることも長い乗員人生には必要でしょう。

一般的には飛行を行う前には、出発方式、飛ぶルート、進入着陸の方式などを Review することが考えられます。しかしながら、旅客便を飛ぶためのフライトの研究としては、もう少し掘り下げたものがあります。

複雑なシステムを装備している飛行機は、その複雑な仕組みが故に壊れることがあります。エンジンが壊れたら、障害物にぶつからない最低降下高度がいくらかが気になります。通信機が壊れたら通信途絶の手順が気になります。

気象解析技術はずいぶん進歩し、数値予報は確度が格段によくなっていますが、自然現象は必ずしも人間に克服されておらず、予想外に悪くなることがあります。CAVOK の予報だったのに CAT I ギリギリで着陸できたということも実際に私が経験しています。

ご搭乗頂いているお客様にとっては大変楽しい旅行のために、気持ちが高揚しすぎて具合が悪くなられるケースもあります。ハワイ航路で出発して 1 時間もたたないうちにお客様が意識不明になられたことがあります。後で分かったのはハワイ出発時ギリギリで遅れそうになり、遠いゲートまで走ってきた新婚カップルの旦那さんが、搭乗後過呼吸で具合が悪くなられてしまったのでした。このときは初期対応が悪く客室で酸素を与えてしまったので最後は意識朦朧となってしまいました。お医者様の指示でリカバリーできたのでよかったのですが、最悪緊急着陸となる可能性もあったのです。

かつて私が在籍した航空会社で、機長養成のお手伝いをした機長がチェックアウトしたばかりの日が浅いときに、ウインドシールドが割れ緊急着陸をしたケースがあります。

このように、飛行機は壊れ、気象予報は外れ、お客様の具合が悪くなるような事態もあるので、最悪の事態を想定して対応策を事前に検討しておくことが、いざ本当にこのような場面に遭遇したときの対応が後手に回らなくて済むということです。

何もかも一遍に万遍なく準備をすることは、いくら時間があってもできませんが、オフの余裕のあるときの時間を一部研究に充てるのも必要でしょう。少し腰を据えて準備研究しておきましょう。

1－2　通信途絶（Lost Communication）

いろいろな優位な条件を与えられ、保護された運航を行える IFR では、その代償として常に管制機関の指示に従い、あるいは許可に従って飛行することが求められます。

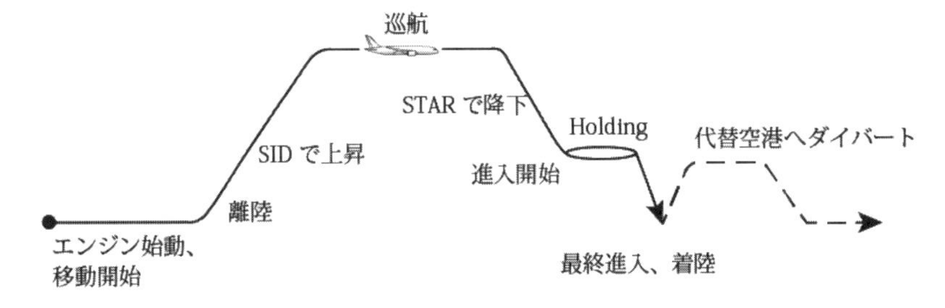

ではこの大切な管制機関との連絡手段が何らかのトラブルで、連絡が取れなくなる「Lost Communication」（通信途絶）の状態になったらどうすればよいのでしょうか？

通常このことを問うと、学生の皆さんからは、「管制から指示された進入開始時間あるいは、指示がない場合には最終的には飛行計画で提出した巡航時間を足した時刻になったら進入を開始します」という航空法の一つの条文だけがよく返ってきます。

Phase を分けて一つずつ質問していくと、それぞれに正しい知識があることが分かりますが、どこでトラブルが起きても対応できるというところまできちんと整理されていない場合があります。

では早速この Lost Communication の対応を整理してみましょう。

離陸後の上昇中の Lost Communication への対応

もちろん通信機器や周波数、ヘッドセット、ジャックなどの確認をしても正常に戻らなかった場合を想定しています。

まず、VMC が維持できれば、これを維持して最寄りの空港（通常出発空港）に速やかに着陸します。なぜでしょう？

管制通信を維持できなくなった IFR 機は、管制機関にとっても周辺の飛行機にとっても大変物騒で邪魔な存在となります。したがって、できるだけ速やかに地上に着陸し他機の邪魔にならないようにすることが当該空域の航空交通全体にとって最良の選択肢となります。

着陸するときは、タワーのある空港であればライトガンで Steady Green が送られていることを確認できれば Landing Light を点滅させ安堵した気持ちで着陸できるでしょう。

離陸上昇中に VMC が維持できない場合は厄介です。

目的地に向かって飛行を続けますが、それでも最寄りに VMC を維持して着陸できる空港がある場合は上記と同様となります。

それが不可能な場合（VMC が維持できない場合）は、まず管制に指示された高度までは上昇することに誰も疑問はないでしょう。

この最初のアサイン高度は通常 SID による出発経路途中であれば Local 空域の上限となるので、飛行計画に記載し承認されたエンルートの高度より低いことが一般的です。

この場合、飛行中の Leg の最低高度（MEA など）または管制に指示された高度のいずれか高い高度へ上昇します。

これらの高度に到達したかトランスポンダーを 7600 にセットした時刻のいずれか遅い方から 7 分（小型機で訓練する日本の空では、ほぼ確実にレーダー管制業務が行われているので 7 分となります。国際線の海上などでレーダー管制業務が行われていない場合20 分）その高度を維持し、その後飛行計画にファイルした高度へ上昇し承認された飛行計画に従って飛行します。

この7分間という時間は、管制機関では通信不能となった航空機のための対応・準備を進め、近くの関連航空機へ対処するための時間だと考えれば納得できます。

巡航中に通信途絶となった場合は・・・・？

巡航中に通信が途絶えたときは、レーダーベクター中であれば通常前もって与えられる誘導目標に向かって飛行をした後、飛行計画に従う中で VMC を維持できるならば最寄りの空港に着陸するし、不可能な場合は目的地へ飛行を継続し、後は多くの場合に学生の皆さんから正解が返ってくる方法に従い、管制から進入開始・予定時刻・待機後の進入予定時刻など何らかの Key が得られている場合はこの時刻に、そうでない場合は飛行計画で file した所要時間を離陸時刻に足した時刻から進入を開始します。

ターミナル・レーダーによる誘導中の場合は・・・・？

ターミナル・レーダー誘導中の場合ですが、AIP の Lost Communication に以下のように記載されています。

> 17.3　到着機がターミナル・レーダー及び着陸誘導管制業務によるレーダー誘導中に通信機故障が発生した場合は、第三部飛行場（AD）の通信途絶方式によること。

したがって AIP の第三部飛行場の通信途絶方式に従わなければなりません。第三部の飛行場編にはそれぞれの空港での Local の飛び方が定められており、熊本空港の場合は以下のように記述されています。

2. Lost communication procedure for arrival aircraft under radar navigational guidance
If radio communications with Kumamoto Approach/Radar are lost for 30 seconds, squawk mode A/3 code 7600 and;
Ⅰ 1. Attempt to contact Kumamoto Tower.
2. If unable, proceed in accordance with visual flight rules.
3. If unable, maintain last assigned altitude or 5,500ft whichever is higher, proceed to KUE VOR, and execute approach.
Ⅱ Procedure other than above will be issued when situation requires.

VMC が維持できない場合は、5500ft かレーダーから最後に与えられた高度の高い方を維持して KUE（VOR）へ向かい計器進入を実施しなければなりません。VOR 07 Approach が KUE からつながっています。

ファイナルアプローチで着陸前に事前に調べておいた管制塔（タワー）の位置から発射されるライトガンを確認して Steady Green が見えれば、昼間であれば翼を振ってこれに応え、夜なら Landing Light を点滅させて了解したことを伝え、胸をなでおろして着陸できることになります。

万が一赤と緑の交互閃光が見えたら、ギアを出し忘れていないかなど注意喚起の意味を確認します。赤の不動光ならご存じのようにもう一度場周を回って落ち着いて着陸を試みましょう。

通信途絶が頻繁に起きるわけではないのですが、常に管制許可を得ながら飛行することが条件となっている IFR において、通信が途絶した場合の対策をしっかり整理しておくことは重要なパイロットの責任の一つとなります。

1－3　注意を要する管制用語

ATC 通信で大切なことは、次のようなことです。

— 通信は一度に 1 局しか発信できないので、簡潔明瞭を心がけます。(無駄な言葉で電波を不用意に長い時間占有しないようにします。この間に急ぎの交信をしたい飛行機がいる可能性があります)

— 不確実な場合は必ず確認します。(Confirm)

— 復唱すべきもの、通報した方がよいもののルールに従います。

実際のテープを繰り返し聞くことで、耳を慣らすのはよい練習となります。

以下に ATC で留意が必要な表現について解説します。

○　“Take off”の用語

Take off の用語は離陸許可を発出する場合または離陸許可を取り消す場合以外は使用しません。

○　離陸許可と着陸許可では風の順番が逆となっています。

Wind ○○○ at ○○kts　Clear for Takeoff.

Runway 07 Cleared to Land Wind ○○○ at ○○kts.

○　インターセクションからの離陸

インターセクションからの離陸許可にはインターセクション名を必ず復唱します。

○　Monitor Tower on 118.7

Ground から Tower へ切り替えの指示があったときに

"Monitor"と言われた場合はTowerの周波数が立て込んでいることを意味しており、周波数を切り替えるだけで、モニターします。Towerから呼びかけがあるまで発信してはいけません。(成田・羽田・福岡空港など混雑空港では頻繁にこの用語が使われます)

○ SIDなどで途中にat or aboveの高度制限がある場合のMCPのセット。

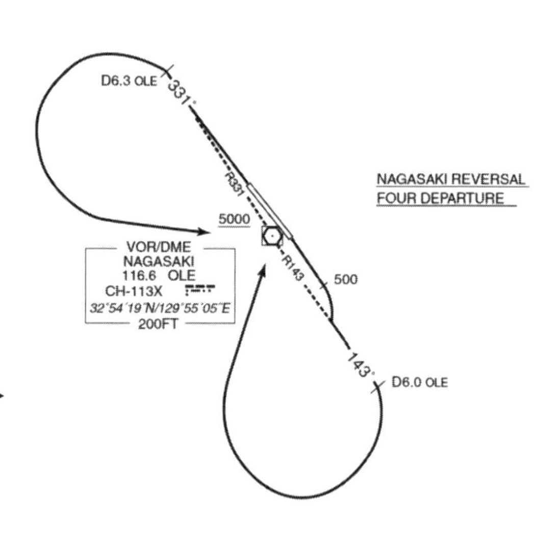

例えば長崎からの出発で"Clear to ○○○ Via Nagasaki Reversal 4 Departure FPR ➡ M 9000 "とのクリアランスが得られた場合、途中に5000があるのをセットする必要はありません。あくまでもMCPは9000ftをセットしOLEを5000ft以上で通過すればよいのです。

○ Descendクリアランスを受領した時の対応

Descend and Maintain ○○○・・・という管制指示を受けた時の対応はどのようにしますか?

この時は速やかに降下を開始します。特に混雑空港では、降下経路の錯綜する飛行機同士の衝突防止を目的として降下指示を発出することがよくあります。自分の降下パスだけを考えて降下開始のタイミングを勝手に先延ばしにしてはいけません。

では、管制上降下開始のタイミングに制約がなくパイロットにゆだねることで飛行機の燃料効率などを配慮する場合は、どのような Instruction が発出されるでしょう？

“Descend and Maintain ○○○ at Pilot Discretion”と言われたら、降下開始のタイミングはパイロットに委ねられ、降下開始後も一時的な水平を含む降下率の調整は通報をせずに行うことができます。

もう一つパイロットが降下開始を自分で決められる降下指示があります。それは、それ以降の降下経路の地点 FIX などの高度指示が一緒に発出された場合です。この場合は、指示のあった地点の通過高度制限さえ満足できれば、降下開始はパイロットに任されたことになります。

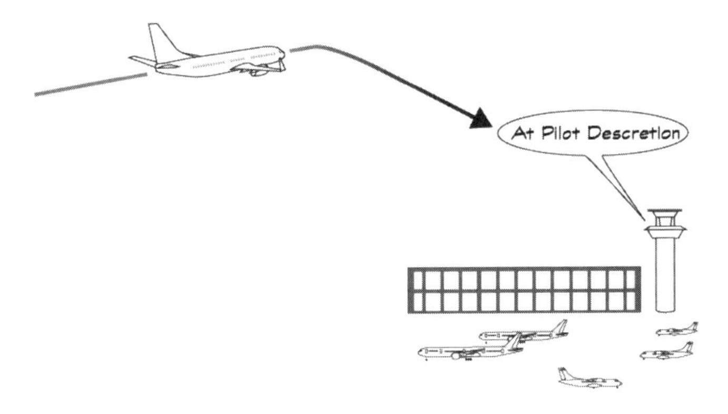

○　LOC にインターセプトする前に G/S が来てしまうような場合の対応

管制官はレーダーを見ながら誘導しているだけで、上空の風を必ずしも正確に把握できるわけではありません。ファイナルインターセプト辺りの風が変化してファイナルコースに乗るのが厳しい場合は

・ 新たなHDGをリクエストする。

・ HDGをconfirmする（トラフィックの関係でファイナルをクロスする場合もある）

などの対応が考えられます。Intercept の HDG の修正を希望する場合は、上空の風の情報なども伝えると更に後続機の誘導に生かされる可能性があります。

○ "Expedite Descent"と指示を受けたら・・・

降下開始のタイミングの問題などで、降下率を浅くして飛びたいときがあります。このようなときに、管制から"Expedite Rate of Descent"と言われたらどうすればよいでしょうか？　緊急降下のように Dive する必要はありませんが、管制間隔などのトラフィックがからんでいますから、少なくともサッサと普通の降下率で高度を下げることが必要です。可能であれば、例えば少し速度を増やしてでも（パワーはIdleに絞ったままで）降下率を増やして協力してあげれば、管制官もパイロットとしっかり意思疎通のキャッチボールができていることを感じ、気持ちの良いコントロールができるでしょう。

"Increase Rate of Descent"と言われた場合も同様です。

○ Cleared for Simulated ILS 07 Approach Maintain VMC

Simulated の計器飛行方式については、VMC を維持する責任はパイロット側にあります。

○ Visual Approach と Contact Approach（詳しくはAIM-Jを参照）

どちらも天気が良好なときに計器進入方式の一部または全部を省略することで、飛行機の流れを効率よくするために行うためのものですが、Visual Approach はレーダー管制下で管制官から、あるいはパイロットからのリクエストで交通状況を勘案して許可されます。Contact Approach はノン・レーダー下の場合にパイロットからのリクエストで交通状況を勘案して許可されます。

Contact Approach：

VIS 1500m 以上、CIG が進入開始高度以下ではない。

着陸までの Navigation、障害物との衝突回避、VFR 機との衝突防止はパイロットの責任ですが、IFR 機との管制間隔は確保されます。

Visual Approach：

VIS 5km 以上、CIG +飛行場標高が MVA+500 以上

先行機が着陸するか、パイロットが先行機を視認するか、タワーが当該機を視認するまではアプローチの周波数により指示を受けます。他の IFR 機との間隔は Visual Approach が許可されタワーへの切り替えを指示されるまでターミナル・レーダーで維持されます。

○　ILS“Y”と“Z”の違い

“Z”進入方式が使用頻度の多い進入方式ということですが、効率を重要視するビジネスの世界では、一般的に Final の Fix から最終進入コースに直接インターセプトするコースを引いたも

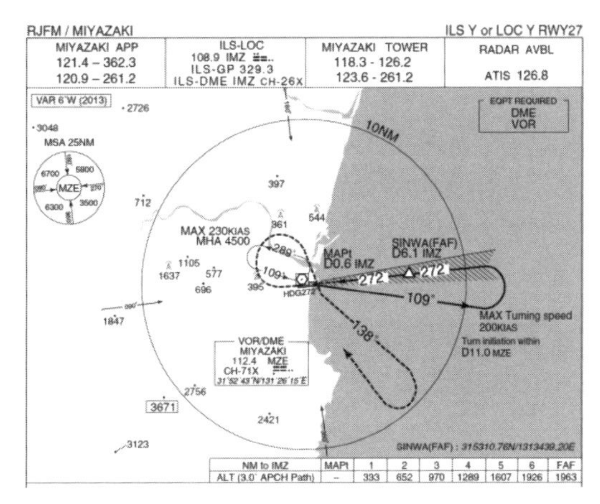

のが“Z”となります。ところが福岡空港から宮崎へ飛行するような場合は、宮崎 VOR 上空から“Y”を許可されても、ロスはほとんどありません。宮崎 VOR 到達前に Cleared for ILS “Y” approach を受領したのに、宮崎 VOR の outbound コースをリクエストした事例がありましたが、“Y” approach が許可された意味が正確に理解されていなかったようです。

○ Inbound と Outbound コース

勘違いしないようにしましょう。時々反方位に飛ぶ人がいます。

○ Maintain HDG 330 to intercept G339

これは、HDG330 を維持して Airway G339 にインターセプトしなさいという指示です。

KOJ から 001° の G339 のコースが来たら 001° のコースに乗るように自分で旋回していくことが求められています。

Airway を突き抜けていかないように NAV セットを行い、注意してインターセプトします。

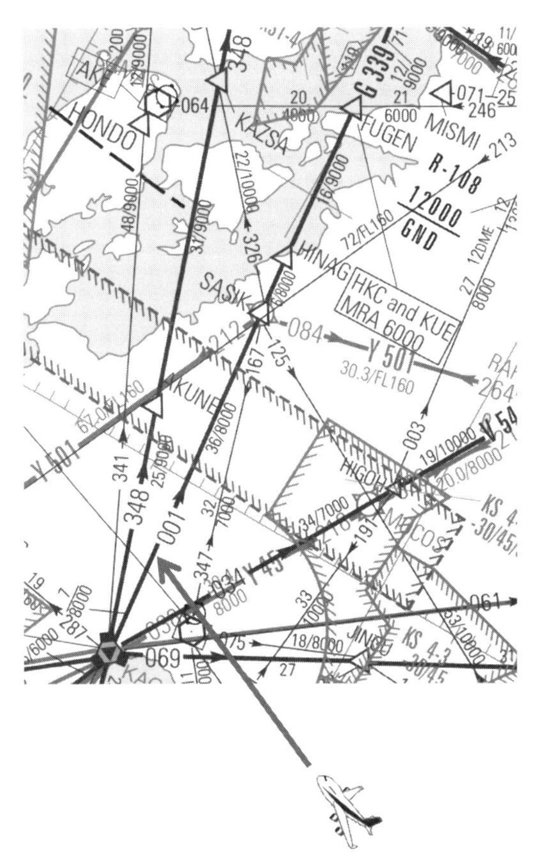

○　高度変更の指示

管制指示の中に高度変更が含まれることが頻繁にあります。出発前地上にいる場合に SID と違う高度指示を受けた場合でも、指示された地点以降の Publish されている高度制限は維持されたままです。いったん離陸し飛行中に高度制限を受けた場合は、それ以降の高度制限は再度言われなければキャンセルとなるので大きく取り扱いが変わります。

○　後方乱気流の最低基準

ライト機がヘビー機やミディアム機の後続機となる場合の間隔は３分間です。

―Radio 空港―

崇城大学が訓練飛行で使用させてもらう佐賀、対馬、福江空港はRadio 空港です。佐賀空港においては運用時間外は Remote になりますが、訓練時間帯では Radio が運用されています。

Radio 空港で使われる要注意用語

○　Clearance Void if not off the ground by ○○（VIFNO）.

○○の時刻までに離陸しなければ管制承認が失効します。

○　Which Runway do you use?

クロスウインドなどで滑走路の選択をパイロットに問う場合の用語です。自分が希望する滑走路の方向を伝えます。

○　Traffic not reported in the vicinity of Saga airport.

当該空港またはその周辺に目視できる、あるいは報告されたトラフィックは無いという意味ですが、外部監視は怠らずに飛行します。

○　Hold on ground. →　Release for departure.

地上待機から出発制限解除の用語です。

○　Runway is clear.

Cleared for Take off や Cleared to Land が出せないのでこの表現で滑走路が使用できることを伝えます。

○　Radio advises.

航空機に対し安全のため必要な措置をアドバイスするために使用される用語。管制指示ではありませんが、このアドバイスに従います。

―リモート空港―

九州近辺の空港では壱岐（RJDB)、小値賀（RJDO)、上五島（RJDK)、種子島（RJFG)、屋久島（RJFC）がリモートとなっており、遠隔地から通信だけで情報を提供しています。

○　Obstruction not reported on runway.

などの情報が得られますが、実際に情報を出す人が当該空港にいるわけではないので注意が必要です。

1－4　最低気象条件

最低気象条件に関することは、やや複雑で初心者が苦労するテーマの一つだと考えられます。しかしながら、法を遵守し事業用パイロットとして活躍していくためには避けて通れない分野です。

ここでは、できるだけ苦手意識を取り除くことを目的として、あまり一つ一つの数値にこだわるよりは、全体の考え方を中心にまとめ、また AIP の記載箇所等の出典をできるだけ明らかにして学習の指針となることを目指しました。

最低気象条件は全てのパイロットが適用すべき最低限のステートミニマとして AIP に公示されており、これに加えて大学や会社の規定および個人の経験などを考慮して、更に数値を追加したものを適用する必要があります。崇城大学では、教官同乗教育による飛行訓練では、基本的にステートミニマを適用していますが、飛行計画の段階の精密進入において独自の追加基準があります。また学生の単独飛行ではいくつかの気象条件の制限を設けています。

通常、最低気象条件は AIP チャートの Weather Minima 欄の数値からステートミニマを読み取ることができるよう公示されていますので難しくありません。主にチャートの値からだけでは読み取れない部分について詳しく解説します。

航空機の区分

離陸・着陸の最低気象条件と進入限界高度は、AIP の個々の計器進入に適用される数値が航空機区分別に AIP のチャートに表示されています。この航空機区分でそれぞれの緩衝区域や周回進入区域などが変わります。次の表が航空機区分です。

航空機区分	航空機の速度（knots）
A	91kt 未満
B	91kt 以上、121kt 未満
C	121kt 以上、141kt 未満
D	141kt 以上、166kt 未満
E	166kt 以上、211kt 未満
H	ヘリコプター

航空機の速度は最大着陸重量での着陸形態における失速速度（Vso）の 1.3 倍、または失速速度（Vs1g）の 1.23 倍のいずれか大きい速度で、セスナ 172S 型は A、ビーチ G58 バロン型は B となります。

最低気象条件を研究するとき、関わる各種条件と最下限値に着目して整理するのが一つの方法として推奨されます。Airline の実際の運航現場において、霧が発生し離着陸できない状況でチャンスをうかがいながら待機し、RVR 値が最下限値以上となる瞬間を待って出発し、あるいは進入開始するようなケースは意外と発生するものです。

それでは一つずつ詳しく見てみましょう。

離陸の最低気象条件

離陸の最低気象条件を学習するときに問題を複雑にしているの

が、基準が改訂される過渡期で二種類あるということです。

飛行機の飛ぶ経路に沿って、飛行の安全を確保するために障害物などを考慮すべき空域が設定されています。この緩衝空域を運航の実情に合わせて見直しを行い、より合理的で適切な空域を設定するように新しい設定基準が作られました。空港毎に出発、到着経路を詳しく検証しながら再設定しているので、一遍に全国の空港を改訂することができず徐々に改訂しています。ということで現在は、新しい基準と過去の基準（暫定基準と呼ぶ）が混在運用されている状態です。

離陸の最低気象条件は飛行方式設定基準第Ｖ部第２章（新基準）に定められており、この設定基準（新基準）と、これが適用できるまでの暫定基準(旧方式設定基準)により適用される空港の二通りがあるのです。

新しい基準が適用されるのか旧方式設定基準かを見分けるにはAIP の記載で分かります。

古い暫定基準が適用される場合､AIP の 2.22 章 Flight Procedures の１．Take off minima 欄の表の下 Note に以下のように

“SIDs are designed in accordance with **provisional standards** for FLIGHT PROCEDURE DESIGN”

と注記されています。

以下の鹿児島空港の例を見てみましょう。

RJFK AD 2.22 FLIGHT PROCEDURES

1. TAKE OFF MINIMA							
	RWY	REDL & RCLL AVBL		REDL or RCLL AVBL		REDL & RCLL OUT	
		CEIL-RVR	CEIL-VIS	CEIL-RVR	CEIL-VIS	CEIL-RVR	CEIL-VIS
TKOF ALTN AP FILED	16	-	0' - 400m *200' - 800m	-	0' - 600m *200' - 800m	-	0' - 800m *200' - 800m
	34	200' - 800m	200' - 800m	200' - 800m	200' - 800m	-	200' - 800m
OTHER	16	AVBL LDG MINIMA					
	34						
NOTE: SIDs are designed in accordance with provisional standards for FLIGHT PROCEDURE DESIGN. * Applicable to OSUMI FOUR DEPARTURE							

2017 年９月の段階で、崇城大学が訓練で利用する主な空港の新

旧の適用状況は以下の通りですが、学生の皆さんは最新の情報を確認してください。

熊本空港‥‥‥新基準
天草空港‥‥‥新基準
鹿児島空港‥‥暫定基準（RNAV SID は新基準）
大分空港‥‥‥新基準
北九州空港‥‥新基準
長崎空港‥‥‥新基準
佐賀空港‥‥‥新基準
壱岐空港‥‥‥新基準
対馬空港‥‥‥新基準
種子島空港‥‥暫定基準（RNAV SID は新基準）
広島空港‥‥‥新基準
屋久島空港‥‥暫定基準（RNAV SID は新基準）
松山空港‥‥‥新基準

新基準と暫定基準では離陸の最低気象条件が違っています。

離陸の最低気象条件に関する新旧設定基準の差異の解説に進む前に、離陸できるための最低気象条件が、まず単発機と多発機で大きく分かれていることを確認します。

単発機は、エンジンに不具合が発生した場合、出発空港に引き返さざるを得ないので、着陸の最低気象条件を満足していないと離陸できません。一般的に着陸の最低気象条件の方が離陸よりも良い気象状態が求められるので、離陸の最低気象条件は満足していても、着陸の気象条件を満足するまでは離陸を待たされる状況が発生します。

多発機では、エンジンに不具合があっても残りのエンジンで飛行を続けられる可能性が高いので比較的短い時間で到達できる範囲内の空港の気象予報が一定の基準以上であれば、より厳しい離陸の最低気象条件を適用できるような規定になっています。

出発空港に求められる気象条件

離陸できるか否かの気象の判断は、次の二つのケースに分けて整理することができます。

① 単発機または双発機以上で離陸の代替空港が得られない場合

・この場合はエンジンなどに重大なトラブルが発生した場合、出発空港に戻らざるを得ないので出発空港に着陸できる気象条件（Available LDG Minima）以上が求められます。

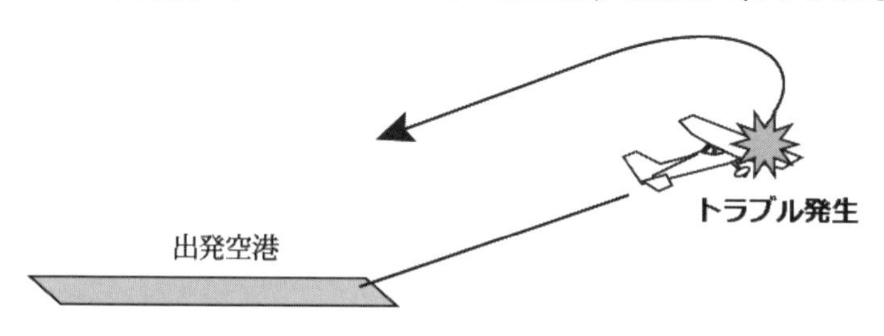

② 双発機は1時間以内に、3発機以上では2時間以内に到達できる範囲内に着陸できる代替空港を選定できる場合

・・この場合は、出発空港の離陸の最低気象条件を満足すれば出発できます。

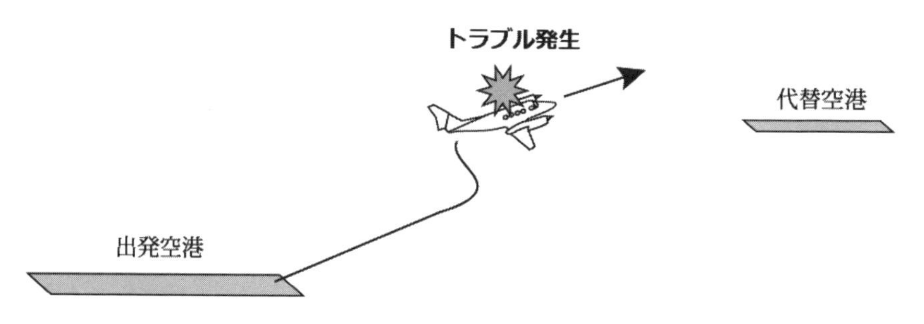

上記①の離陸直後に戻ってくるための出発空港の条件 Available Landing Minima について新旧の差異を詳しく見ていきます。

暫定基準では出発空港へ戻るときに利用できる進入方式に係る着陸の最低気象条件の決心高に相当する雲高および地上視程が求められます。（以下は AIP AD1.1-30-6.9.2.1 に記載されている）

> 離陸の代替飛行場を選定しない場合、離陸の最低気象条件は、離陸する飛行場において利用できる計器進入方式に係る着陸の最低気象条件の決心高に相当する雲高、及び地上視程とする。
> ただし、離陸の代替飛行場を選定した場合に適用される離陸の最低気象条件未満であってはならない。

設定基準（新基準）では

> 6.9.2.2.　新基準に基づき設定された標準計器出発方式に係る離陸の最低気象条件は、「最低気象条件に係る一般適用事項」AD 1.1.6.10.1.3.3）に従い算定されるとおりとする。

となっており 1.1.6.10.1.3.3 には新基準の離陸の最低気象条件が記され、その ii）に単発機の場合および離陸の代替飛行場を設定しない多発機の場合として以下のように規定されています。

進入方式 Available Approach Procedure	最低気象条件 Take-off minima
CAT Ⅱ/Ⅲ Precision approach	それぞれCAT Ⅱ、Ⅲ精密進入の最低気象条件の値に等しいRVR
CAT Ⅰ Precision approach	CAT-Ⅰ精密進入の最低気象条件の値に等しいRVR（RVRが使用できない場合にあっては地上視程）
Non-precision approach	非精密進入のMDHに等しい雲高（100ft単位に切り上げ）、及び最低気象条件の値に等しいRVR（RVRが使用できない場合にあっては地上視程）
Circling approach	周回進入のMDHに等しい雲高（100ft単位に切り上げ）、及び最低気象条件の値に等しい地上視程

CAT Ⅰ以上の進入では最低気象条件のRVR（利用できないときは地上視程）、非精密進入ではMDHに等しい雲高（100ft単位切上）と最低気象条件のRVR（利用できない場合は地上視程）。周回進入ではMDHに等しい雲高（100ft単位切上）と最低気象条件の地上視程となっています。
（Available Landing Minimaとしては、暫定基準では精密進入でもCeilingが求められたのが新基準では求められなくなっています）

上記②のケース（離陸の代替をとれる場合）では新旧の設定基準で以下のような差異があります。

暫定基準としては高光度式滑走路灯および滑走路中心線灯が運

用されているか、離陸上昇区域内の無障害物表面に出る障害物の有無、進入表面の勾配、利用できる RVR の数などで変化し、最下限値（最も悪い気象条件）は、RVR 200m となります。

暫定基準に大きくかかわってくるのは離陸経路上にある障害物です。

最下限の気象条件を適用できるためには離陸上昇区域内の無障害物表面に出る障害物が無く、かつ進入表面の勾配が 1/50 の着陸帯から離陸する場合で、高光度式滑走路灯・滑走路中心線灯が運用され３つの RVR が利用できる場合になります。

1/50 を超える進入表面の勾配の場合は、最低でも 800m 以上の視程と Ceiling（雲高）300ft の制限を受けることになります。

また、離陸上昇中維持すべき最低上昇率（上昇角が 20:1 になる上昇率）が指定されるのは、滑走路終端から 1/30 の表面には出ないものの、離陸上昇区域内の無障害物表面に出る障害物がある場合であり、この場合の最低気象条件は視程 800m、Ceiling（雲高）200ft が最下限となります。

※無障害物表面：日本の場合、滑走路端から 300m 内側に入ったところから引いた３°の降下勾配の６割の角度（３× 0.6 =1.8°）の傾斜面から 100ft 下に平行な勾配。

※滑走路灯または滑走路中心線灯が点灯できない場合 RVR は適用されません。

以下の表は AIM-J の抜粋です。

表 3-6　離陸の最低気象条件（暫定設定基準）

運用されている照明施設等		利用できる RVR の数	RVR (m)	地上視程 (m)	雲高 (ft)
高光度式滑走路灯 および 滑走路中心線灯	A	3	200	−	0
		2	300	−	0
		0 または 1	500	400	0
	B	*	800	800	300
高光度式滑走路灯または 滑走路中心線灯	A	*	600	600	0
	B	*	1000	1000	300
滑走路中心線標識	A	*	800	800	0
	B	*	1200	1200	300

A：離陸上昇区域内の無障害物表面に出る障害物が無く、進入表面の勾配が 1/50 の着陸帯から離陸する場合
B：進入表面の勾配が 1/50 を超える着陸帯から離陸する場合
*：RVR 機器が利用できる場合は RVR 値と雲高、利用できない場合は地上視程と雲高の組合せによる。

設定基準（新基準）は SSP 体制が発動されているかどうか、滑走路灯および滑走路中心線灯の有無、RVR の数などで変化し、最下限は RVR 150m となります。

SSP 体制が発動されていない場合は、他の条件が整っていても最下限でも RVR 400m となります。

では SSP 体制とは何でしょう？

AIM-J にも書かれているように気象状態が厳しいとき、ILS カテゴリーⅡ、Ⅲの運航が可能な地上設備の必要な条件が整っている体制のことです。SSP 体制が発動されている状況とは、航空保安無線施設、航空灯火施設、RVR 機器がカテゴリーⅡ／Ⅲの運航が可能

な精度で運用されており、地上の車両・航空機を ILS 制限区域外に出し電波の障害を起こす可能性を排除している状態をいいます。

熊本空港では AIP に以下の記載があります。

4.5　Special Safeguards and Procedures(SSP)
CAT II / III A / III B operations are available when SSP are applied. SSP will be applied when the following conditions are met:
1.Ceiling is at or less than 600ft and/or RVR is at or less than 1,600m.
2.Facilities listed 1.above are operational.
3.ILS Critical Area is protected.
In order to protect ILS Critical Area for the succeeding arrival aircraft, an arrival aircraft may be given the following instruction by ATC:
" REPORT OUT OF ILS CRITICAL AREA "
The exit taxiway centerline lights are fixed alternate green and yellow inside the ILS Critical Area. If an aircraft is given the above instruction, she is expected to advise the ATC when the taxiway centerline lights change from alternate green and yellow to steady green.

SSP 体制がとられているときは、着陸後誘導路中心線灯が緑と黄の交互から緑だけに変化したら ATC に out of ILS critical area を管制に伝えるように記されています。

滑走路上にいる飛行機も見えない低視程下での運航では、管制塔から滑走路近辺にいる航空機も視認できませんので、このようにして管制官に航空機が制限区域外に出たことを知らせる手順となっています。

大惨事となったテネリフェ空港のジャンボ機同士の衝突事故も、低視程下で他の飛行機が見えない中で発生しています。管制塔から見えない状況では、航空機の位置を知らせるためにパイロットが誘導路の中心線灯の色を確認して正確に通報することが求められています。

設定基準（新基準）では離陸上昇は 3.3%（1/30）の上昇角を標準としていますが、2.5%（1/40）の上昇表面上に出る障害物がある場合は、障害物をクリアーできる角度に 0.8%を加えた上昇角が離陸の最低気象条件に必要な上昇勾配として AIP に示されます。

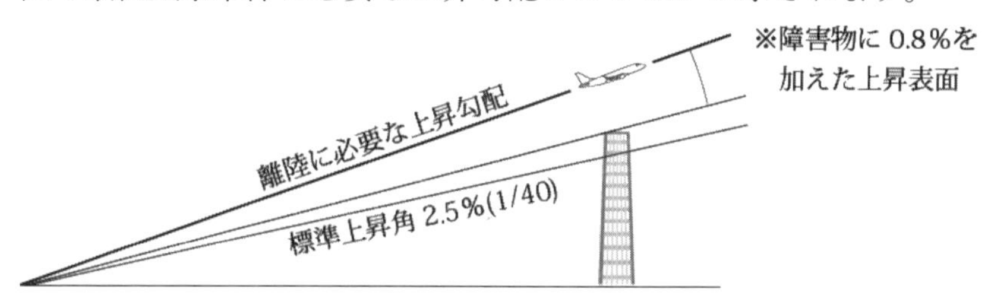

出発区域に 2.5%の障害物識別表面から突出する障害物があり、その上端に 0.8%を加えた上昇表面の高さが 200ft 以下の場合（ということは障害物が空港に近く目視で避ける前提）には当該障害物との間隔に目視を適用するため、以下の気象条件が公示されています。

1)当該障害物が滑走路出発端上 16ft(5m)を始点とする 3.3%の上昇表面から突出しない場合は CIG 200ft-RVR 800m

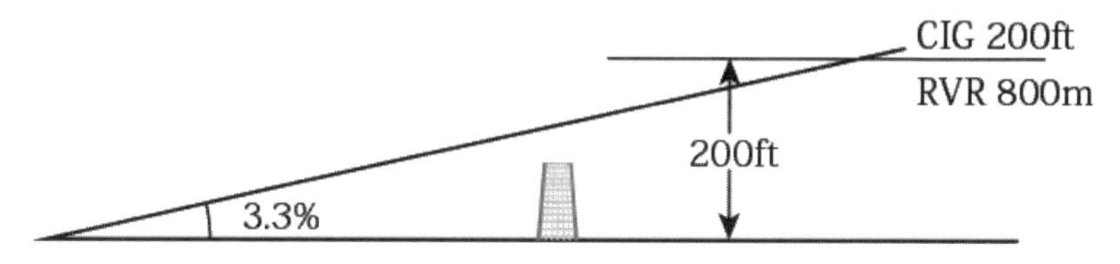

2)当該障害物が 3.3%の上昇表面から突出するものの鉄塔など狭い場合は CIG 200ft-RVR 1600m

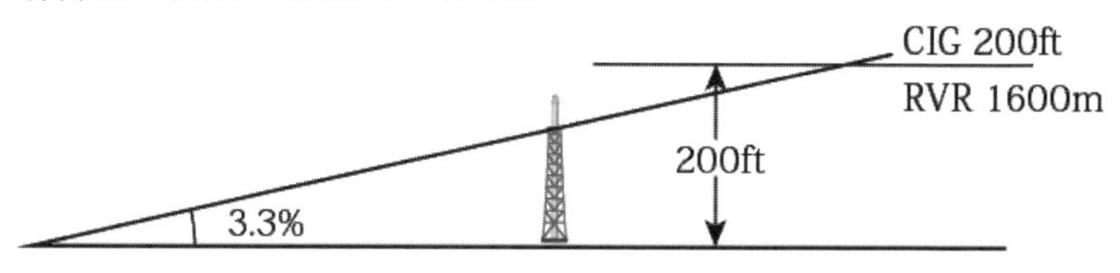

3)当該障害物が上昇表面から突出し、丘など幅が広い場合は CIG 200ft-VIS 2400m

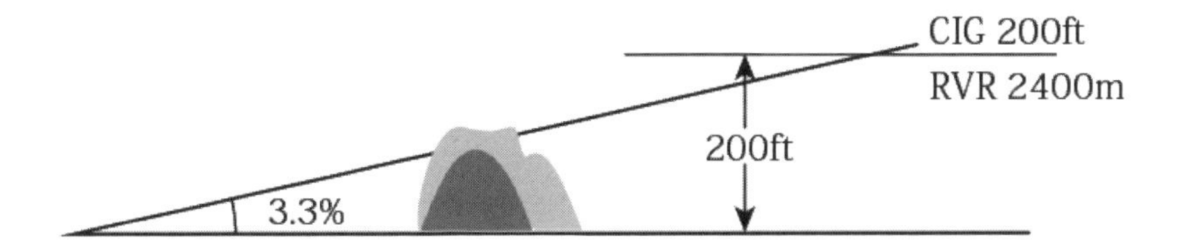

SID に 7%を超える上昇勾配が指定されている場合で、当該上昇勾配を維持することができない航空機については上記 2)または 3)を最低として当該障害物の高さに相当する値を離陸の最低気象条件とすれば当該 SID により出発できる。

離陸の代替空港に求められる気象条件

離陸の代替空港の最低気象予報は当該空港で利用できる進入方式に適用される RVR と同じ視程、ただし非精密進入および周回進入については MDH を 100ft 単位に切り上げた雲高が必要となっています。

離陸の代替空港に求められる気象条件は、離陸後の短時間（双発機は 1 時間、3 発機以上では 2 時間）で届く範囲に設定することから変化する度合いが少ないと考えられ、Minima をプラスアルファするところまでは求められておらず、RVR が視程に変わる程度で実際に着陸できる状況であればよい設定となっています。

着陸最低気象条件について

繰り返しになりますが、運航の最低気象条件は全てのパイロットに適用されるステートミニマに航空会社の運航基準で機長の資格・

経験を考慮して＋αを上乗せするカンパニーミニマを設定しています。崇城大学では CAT I のステートミニマを適用しているので CAT I を主に話を進めます。CAT II・III は航空会社へ就職した後詳細に研究してください。

ステートミニマは次の３つで構成されています。

1．進入方式における最低気象条件
2．進入限界高度
3．必要な目視物標

進入のための最低気象条件

パイロットが進入を開始できる最低気象条件を満足しているかどうかの判断はいつ行うのでしょうか？

最初の確認のタイミングは、計器進入開始前です。これから進入しようとする方式の最低気象条件の RVR 値を満足していることを確認して進入を開始します。RVR が観測されていない場合は CMV により、更に Circling の場合は地上視程で判断します。最低気象条件を満足していない場合は、待機して天気の回復を待つか、あるいはダイバートを検討することになります。

進入を開始した後もう一度進入の可否を判断するタイミングがあります。それは、

1．最終進入 FIX (FAF)
2．アウターマーカー
3．飛行場標高から 1000ft の地点
4．特に認められた地点

のいずれかの地点です。

この地点において、飛行場の気象状態が最低気象条件を満足しているかどうかで進入継続の可否判断を行います。

着陸の最低気象条件は、どのようなものがかかわってくるでしょうか？

- 灯火の運用状況
- 適用できる進入限界高度

で変わってきます。

進入限界高度

進入限界高度は、計器飛行方式によって降下できる最低高度で、精密進入では DA（決心高度)、非精密進入では MDA を指しています。

※決心高度（DA）は平均海面からの高度で、滑走路進入端の標高に DH を加えた高度で示されます。

精密進入 CAT I ILS または PAR の DH は次のうちの最も高いものが適用されます。

- 当該進入方式を構成する無線施設の利用可能な最低高
- 当該進入方式について算出された航空機区分別の障害物間隔高（OCH）
- 200ft

CAT I または PAR の最低気象条件

航空灯火の運用条件と DH の値によって下の表の該当する RVR

／CMV が適用されます。

DH (ft)	FULL		Intermediate		Basic	進入灯等なし
	1	2	1	2		
200	550m	750m	700m	750m	800m	1000m
201～250	600m	750m	700m	750m	800m	1000m
251～300	650m	750m	800m	800m	900m	1200m
301 以上	800m	800m	900m	900m	1000m	1200m

FULL というのは、滑走路中心線標識、滑走路灯、滑走路末端灯が運用されている状態で、進入灯が 720m 以上ある場合

Intermediate は、進入灯が 420m～719m 以外は FULL と同じ。

Basic はクロスバーが運用されている 420m 未満の進入灯以外は FULL と同じ。

進入灯等なしは Basic の要件を満たさない。ただし夜間の進入には滑走路灯および滑走路末端灯が必要となります。

非精密進入における最低気象条件

非精密進入の最低気象条件は、ストレートインランディングかサークリングかで変わります。

ストレートインランディングを行えるためには、次のいずれかを満足する必要があります。

- 最終進入経路が滑走路進入端の手前 1400m 以上の地点において滑走路中心線の延長線と 30° 以下（航空機区分 A、B)。

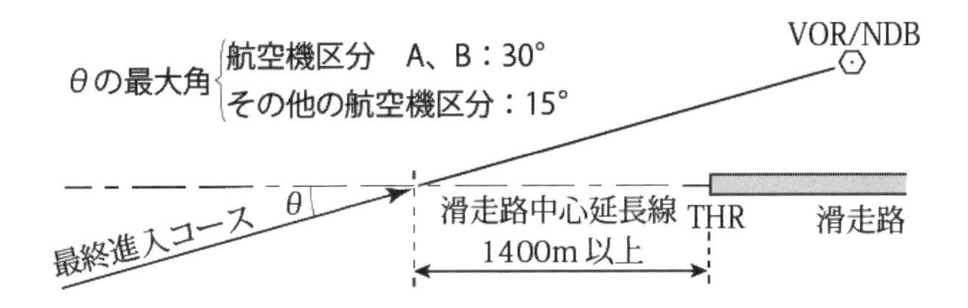

・　最終進入経路と滑走路中心線の延長との間隔が滑走路進入端の手前 1400m の地点で 150m 以下かつ最終進入経路と滑走路中心線との交角が 5°以下。

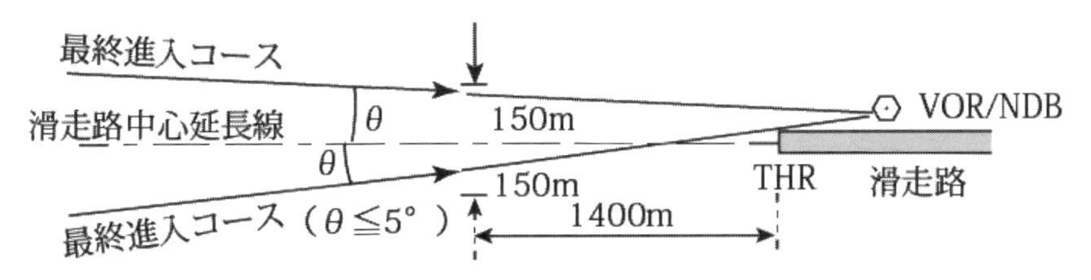

① ストレートインの場合の MDH（最低降下高）の下限値は、以下の表のようになっています。※MDA は航空機区分別の障害物間隔高度（OCA）か、または下表の MDH（最低降下高）に飛行場標高を加えた値のいずれか高い方（10ft 単位に繰り上げ）となっています。

ILS w/o GS、LOC 単独進入	250ft
VOR/NDB（FAF あり）	250ft
VOR/NDB（FAF なし）	300ft
ASR（1/2 マイルで終了）	250ft
ASR（1 マイルで終了）	300ft
ASR（2 マイルで終了）	350ft
RNAV（GNSS/LNAV）進入	250ft

この MDH の値を使って下表から最低気象条件が算出できます。

進入限界高度と航空機区分および進入灯の長さによる最低気象条件（RVR/CMV）					
MDH	航空機区分	進入灯の長さ			進入灯なし
		Full	Interm.	Basic	
250ft～300ft未満	A	800m	1000m	1200m	1500m
	B	800m	1100m	1300m	1500m
	C	800m	1200m	1400m	1600m
	D	1200m	1400m	1600m	1800m
300ft～450ft未満	A	900m	1200m	1300m	1500m
	B	1000m	1300m	1400m	1500m
	C	1000m	1400m	1600m	1800m
	D	1400m	1600m	1800m	2000m
450ft～650ft未満	A	1000m	1400m	1500m	1500m
	B	1200m	1500m	1500m	1500m
	C	1200m	1600m	1800m	2000m
	D	1600m	1800m	2000m	2000m
650ft以上	A	1200m	1500m	1500m	1500m
	B	1400m	1500m	1500m	1500m
	C	1400m	1800m	2000m	2000m
	D	1800m	2000m	2000m	2000m

② 上記ストレートインが設定できない空港ではサークリングアプローチとなりますが、この場合は航空機の区分別に次のようになっています。

航空機の区分	A	B	C	D
MDH 下限値（ft）	350	450	450	550
地上視程(m)	1600	1600	2400	3200

ここでCMVとは何でしょう？

CMVとは地上視程換算値(Converted Meteorological Visibility)のことで、RVRが利用できない場合およびRVRが最大適用値を超える場合に、観測された地上視程の値に灯火の運用状況と昼夜の別によって下表の倍率を掛けて得られます。

<table>
<tr><th rowspan="2">運用されている航空灯火</th><th colspan="2">CMV＝VIS通報値×倍率</th></tr>
<tr><th>昼間</th><th>夜間</th></tr>
<tr><td>進入灯および滑走路灯</td><td>倍率　1.5</td><td>倍率　2.0</td></tr>
<tr><td>滑走路灯</td><td>倍率　1.0</td><td>倍率　1.5</td></tr>
<tr><td>上記以外の場合
(灯火がない場合を含む)</td><td>倍率　1.0</td><td>適用なし</td></tr>
<tr><td colspan="3">例) 夜間・進入灯および滑走路灯が運用されているときの地上視程が500mであれば、RVR/CMV 1000mのミニマムを満たしていることになる。</td></tr>
</table>

夜間の方が灯火は見えやすいことを反映しています。

目視物標

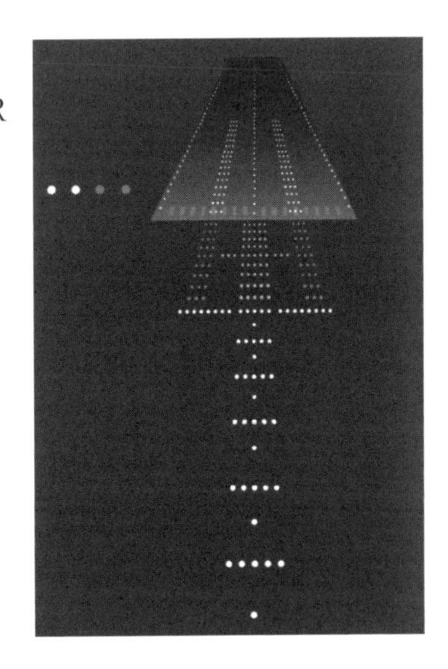

非精密進入、ILS(CAT I)及びPAR進入にあっては以下の目視物標のうち少なくとも1つ。

① 進入灯の一部
② 滑走路進入端
③ 滑走路進入末端標識
④ 滑走路末端灯
⑤ 滑走路末端識別灯
⑥ 進入角指示灯
⑦ 接地帯または接地帯標識

⑧　接地帯灯
⑨　滑走路灯
⑩　その他（特に定められた目視物標）

これらの灯火や標識は、実際に進入継続・着陸が成功するかどうかの大切な Visual Cue になります。技能証明の国家試験の口述対策としてではなく、自分のフライト本番でどれが見えても、そのライトの色・配列などから何を意味するのかなどが直ぐに分かるようにしておきましょう。

目的地の代替空港

IFR の実作業の流れの中で、IFR の飛行計画を立てるときにどの程度目的空港の予報が良ければ代替空港が不要かという件については既に述べましたが、正確には以下のように規定されています。（AIM-J の 1015 の記載）

別表－2

前頁の表10-8のうち、航空運送事業用以外の航空機がIFRで飛行する場合に、代替飛行場を飛行計画に表示しないことができる条件(2000年1月28日付空航第116号)

1. 飛行機は、次の(1)および(2)の条件を満たしていること。
(1) 着陸地に計器進入方式が設定されていること。
(2) 着陸地への到着予定時刻の前後それぞれ2時間の間(飛行時間が2時間未満の場合は出発時刻から到着予定時刻の2時間後までの間)、以下の気象状態が確保されることが、利用可能な気象情報により示されていること。
① 雲高が、当該機に適用可能な計器進入方式の進入限界高度として定められた最小の高度より少なくとも300m高いこと。
② 視程が、当該機に適用可能な計器進入方式の最低気象条件として定められた最小の値より少なくとも4,000m以上上回る値を示すこと、または5,500m以上の値を示すこと。

では目的地が、このように良好な天候でなく、代替空港をファイルする場合に代替空港の気象予報の条件はどのように規定されているでしょう？

代替空港への到着予定時刻の気象予報が、当該飛行場で利用できる進入方式によって以下の気象条件を満たしていることが求められます。

１）CAT Ⅱ／Ⅲ進入の場合は、CAT Ⅰ進入の公示された最低気象条件の RVR に等しい地上視程
２）CAT Ⅰ進入の場合は、非精密進入の MDH（100ft 単位に繰上げ）に等しい雲高及び公示された最低気象条件の RVR に等しい地上視程
３）非精密進入の場合は、当該進入方式の MDH（100ft 単位に繰上げ）に 200ft を加えた雲高及び公示された最低気象条件の RVR 値に 1000m を加えた地上視程
４）周回進入の場合は、周回進入の MDH（100ft 単位に繰上げ）に等しい雲高及び公示された最低気象条件に等しい地上視程

離陸の代替空港などと比較すると分かるように、目的地に向かい進入着陸が完了しなかった場合の代替なので、時間もある程度経過した後のことであり、予報の精度が落ちることを考慮して、それぞれ１ランクずつ、より厳しい気象予報を求める設定となっています。

oneworld
JAL
JAL
LINES
JAL
unicef
JA772J

第2章　Multi Crew Concept

Multi Crew コンセプトについて、概要を説明します。

説明の中で、操縦を行う Pilot を PF（Pilot Flying）と呼びます。操縦以外のタスクを行う Pilot を PM（Pilot Monitoring）と呼びます。

かつては、PF／PNF に分け、PNF は操縦を担当しないだけでなく、主に PF から指示されるタスクを実施する、いわば補佐的な役割の印象が強かった時期がありました。

しかしながら、PM に代わってからは PF のフライトを積極的にモニターし、不具合があれば直ちにアドバイスを実施する、より能動的な役割を担うこととなったのです。

そもそも Airline で運航する一便一便のフライトは、お客様からチケットをご購入いただき、お客様の生命財産を目的地までお運びすることが目的です。決して機長・あるいは PF 一人の作品ではなく、どのような乗員の組み合わせで飛んでいても、チームとして達成できる最も安全で最良の品質のフライトを目指していかなければなりません。

PF は計器飛行証明取得までの One Man オペレーションと違う部分として、特に以下のような項目について PM と適切なコーディネーションをとることで、その品質と安全レベルの向上を図ります。

- Check List Handling
- 操縦以外のレバー、ノブ類の操作・・・Gear、Flap 等
- マニュアルフライト中は MCP パネルの操作・・・Alt SEL、HDG 等
  （自動操縦の場合は、MCP 操作は PF・・・操作が飛行機の初動につながるため）
- ATC
- 客室とのコミュニケーション
- FMS CDU 操作（但し、Execute・・入力確定は PF の確認を得てから）

上記項目は、演練を積むに従い、体が覚えこむことで比較的短期間で身に着けることができますが、本当に重要なことは、次に述べる考え方になります。

PF はフライトのコマンドをしていく立場から、自分の意思をできるだけ PM に伝え、PM が積極的にアドバイスできるようにします。PM は PF のやろうとしていること、フライト方法をきちんと理解できていない限り、PF が意図しないミスを犯している状況を素早く判断して適切にアドバイスあるいは修正することができないからです。

自分の意思を口に出して簡潔に相手に理解してもらうことは、普通に想像する以上に高度な技術が必要とされます。CRM に通じる部分でもありますが、飛行機を一人で飛ばすのでなく、チームで飛ばすことを常に念頭において対応することが基本となります。

些細なことでも PF は勝手にやらず、PM が同じ理解でフライトできるように心がけることでこの技術が向上します。このことを実

現するための具体的な手段が、上記に列挙した各操作を声にだしてオーダーし、実際の操作を PM にしてもらうということになります。ラインでフライトするようになると、日常の繰り返しの中で、例えば簡単なフライトをマネージするコンピューターの入力（CDU 操作）を PF が勝手にモディファイして確定させてしまいそうなことがよくありますが、厳に慎むべきことです。

オーダーしてフライトをするということは、思った以上に手間暇がかかり、あらかじめリードを取った判断が必要となります。その場しのぎでフライトを実施していると、PF が自分で勝手に素早く操作をしたくなってしまいます。できるだけ thinking ahead し、PM に指示をだせる余裕を含んだ組み立てが必要です。

最も適切な意思疎通の場所は T/O ブリーフィング、LDG ブリーフィングになります。このブリーフィングを通して PM は PF から伝えられたフライト計画を理解し、それに沿って必要なアドバイスを実施しますが、PF の計画に疑問がある場合は、その時点で疑問を口にすることで理解が深まると同時に、場合によっては PF の計画の軌道修正を促すことで、より適切なフライトを組み立てることにも寄与できることになります。

大枠の意思疎通はこれらブリーフィングによりますが、それ以外のフライトフェーズにおいても、それぞれの分岐点、コンフィギュレーションの変更タイミングなど常にチームを組むもの同士の明確な意思疎通を維持していくことが求められます。

それでは、具体例を説明します。

チェックリストハンドリング

チェックリストをチャレンジするタイミングは PF がオーダーします。PM が勝手に実施してはいけません。PF のオーダーを受け、PM が一項目ずつチャレンジし、これに PF が項目に対応する状況になっているかを確認してレスポンスします。仮に途中 ATC などで中断した場合、再開も PF のオーダーで再開します。もちろん PF が失念してしまっていることに気付いた PM は「チェックリストが incomplete です」など促すことは必要です。

Gear Flap 等の操作

Airline によって多少個々の item 名や操作そのものの呼び方が違う可能性がありますが、基本的には PF が指示し、PM はその操作をしても大丈夫な状況かを確認した後（条件反射的に操作するのではなく）、操作します。

例えば Flap30 と指示を受けた場合、速度計を見てフラップの制限速度内であることを確認し「Speed check」とコールし「Flap 30」に操作するなどです。

また、フラップのインディケーションで実際にフラップの位置が 30 に到達したことを確認できたら「Flap30、Green」などフィードバックしてあげることがチームオペレーションに役立ちます。

ATC

ATCを受領したら、PFはacknowledgeをthumbシグナルや「チェック」と簡潔に述べるなどで行い、PMはこれをリードバックします。PFは注意深くPMのリードバックをモニターし、自分の理解と違う場合はConfirmを行わせます。

PFは常に自分でATCの内容を理解していることが前提であり、PMのリードバックを頼りにフライトするようなことがあってはなりません。分からなかった場合は「Say again」をオーダーします。

MCPパネル操作

MCPパネルというのはパイロットの計器パネルの上部にあるパネル（グレアーシールド）のことで、HDGや高度をセットするためのスイッチ類や表示があります。

ここの操作は自動操縦を使っているときは、このスイッチを動かすことが直接飛行機を動かしてしまうのでPFが責任分担するエリアになっています。

しかしながら、手動で操縦している場合はオーダーしてPMにセットをさせることで二人の理解が同じになっていることを確認できます。これまでこの操作の手順が不正確だったために、いくつもの不安全事象が発生しています。

Auto Pilotがエンゲージされている場合は、PFがATCの指示にしたがって自分で操作をしますが、PMはこれを確実に操作されたことを確認します。更に細かく解説すると、

＜ATC 指示＞→＜PF の acknowledge＞→＜PM のリードバック＞→＜PF の理解と一致＞→＜PF の MCP パネル操作＞→＜PM の MCP 数値確認＞
といった具合です。

いろいろ述べてきましたが、基本的にはチームが同じ理解でフライトを構築していくことが大事だということです。Airline で安全なフライトを定年まで維持されることを願っています。

第３章　Airline で求められる人柄について

Airline では、どのような人柄のパイロットを求められているのでしょうか？

かなり個人的な感覚ではありますが、以下のような観点が考えられます。

・ Airman シップを持っている。（後述）
・ 厳しい実用機の訓練を乗り越えていけるバイタリティーを持っている。（元気で明るい）
・ Airline では大学の教育機関と違い短期間で実用機の操作を習得しなければならないが、これを実現できる基本的な performance を有している。
・ 教官の指導を素直に受け入れることができる。しかし盲従ではなく正確な分析評価ができる。
・ 極力落伍者を出さずに訓練を順調に進めるために仲間との情報共有ができる。
・ 一人前になってから Demanding（利己主張が強い）な人物でない。
・ 必要な知識が多岐に渡ることと、常に Update が求められることから地道な学習に耐えられること。
・ 採用試験に立ち会う役職機長が一緒に飛びたいと思える雰囲

気をもっている。

・ パイロットとしての能力だけを磨いた人ではなく、世の中の事、世界情勢などにもある程度関心を持ち、いわゆる専門バカと呼ばれないだけの常識を持っている。将来機長として社運を委ねられる常識人として育ちつつある。

Airman Ship

Airman Shipとは、航空に従事する者として、きちんと自分の責任を果たすことができることです。いろいろな出来事を他人のせいにするのではなく、もし自分がかかわっていたら、あるいは自分も対応できるところが何かあるのではないかということを模索し、高潔な責任を取れる人でありたいと考えています。

人は弱い心があり、ともすれば成功した実績は自慢するものの、自分のミスをあまり公にしたがらないところがあります。これを崇高な精神あるいは乗務員の責任として自分が原因となった不具合はきちんと報告し、明らかにして次の人に迷惑をかけないようにすることです。

自分の失敗を明らかにすることは評価が下がるのではとの思いとの闘いですが、人は誰もミスを犯してしまう悲しい特性があるのは紛れもない事実です。これらの失敗をチームの共有財産として生かしていけるかどうかがチームのあるいは組織の強さにつながっています。

時として航空会社の乗員が関係する腐敗が暴露され、何らかの不具合が隠蔽された事実が明らかになることがありますが、暴露されなくてもそのような企業はいずれ傾いてしまう要素・火種を抱えていることになります。

かつて私がお世話になったジェットスターの関連グループ（カンタス）では、不安全な事象を見つけたときは自他を含めてどんどん報告することが根付いており、一般的な日本の航空会社に比べて10倍以上の年間報告が上がっています。カンタスは人を死亡させるような事故は一度も起こしていないとの自負を持っており、映画の「レインマン」でも世界一安全な航空会社として紹介されましたが、この報告制度の活況が大きく寄与していることは間違いないでしょう。

求められる強さ

自分の評価が下がることを恐れず、非を認められる強さがAirman shipの一つと考えられます。

正直であることの他に、何でもハイハイと機長に従う従順さではなく、問題点を見つけたときは、これをそのままにせず、真摯に正攻法で解決方法を探せる力量が求められます。パートナーに気に入られることを上手に犠牲にしつつ、正しい操作をすることの厳しさを持ち合わせる強さが必要です。

密室に近いコックピットという特殊な職場環境で、機長の権威に対し相当のプレッシャーを感じることは事実です。特に新人の副操縦士の場合猶更であり、なかなか思ったことが口に出しにくいことがあります。しかしながら、あなたと一緒にフライトする機長は聖人君子とは限りません。ほとんどの場合極めて常識人である人が多いのですが、中には聖人君子ではない機長ともフライトをすることがあるでしょう。家庭のマネージメントがうまくいかなかった人もいれば、中には自己破産をする羽目になった人もかつて機長だったことがあります。個別の事情もあるでしょうから、これ以上の言及は差し控えます。

あなたには乗客の生命、財産を守る責任があり、ましてやあなた自身の人生を全うする権利まで機長に委ねる必要はないのです。乗務員の先輩としての敬意は払いつつも、言うべきことはしっかり言う強さが求められます。自分の安全を守ることが、家庭を守り、乗客を守ることにつながっています。

チェックアウトしたばかりの新人は、経験不足から間違った判断をする可能性が高く、間違いを恐れて口を閉じがちですが、間違っていても口に出す方が黙っているよりは、はるかに良いのです。

面接対策

面接については特に対策等をお話するのはあまり気が進まないことの一つです。これまで採用試験を行う立場にいた経験から、面接は練習して上達するものではなく、本来の自分自身をさらけ出して評価してもらう位の心構えで良いと考えているからです。

しかしながら、わずか 15 分から 20 分という短い時間で評価を受け、合否判断をされることに大いなる不安を抱く学生の皆さんに、僅かでもヒントになりそうなことを挙げてみたいと思います。

清潔感のある服装で心も引き締めて受験に望みましょう。

ドアをノックして入室するときの所作などは、一般的に書き物にある方法でよいでしょう。特に失礼な態度でなければ会釈をするタイミングや椅子への座りかたなどは気にしすぎる必要はありません。

では、面接の心構えをいくつか挙げてみましょう。

・ 面接では試験官との真剣勝負です。自分が受験する会社に入りたい気持ちをいかに伝えるかの場であると考えることが大切でしょう。
・ 質問されたことに対し、まず端的に正面から正確に返事をすることが大切です。前もって想定してきた話に持っていきたくて、質問への返事をする前に前置きをしているうちに質問内容を忘れてしまうようでは大きなマイナスとなってしまいます。
・ もし、面接官の質問の意味が良く分からない場合や、緊張してよく分からなかった場合は、再確認してかまいません。いい加減に返事をするよりは内容を尋ねる方がよいでしょう。
・ 多少の緊張は了とすべきです。面接の練習などで慣れなれしいより、むしろ若干緊張気味の受験者くらいの方が好感を持てるのです。
・ 最近の乗務員の流動化で、会社は多額の費用をかけて養成した乗務員が他社へ移ることを警戒しています。しっかりここで骨を埋める考えがあるかどうかを見極めようとしています。
・ 元気溌剌としていることは好印象となります。ただし、常識的な音量が妥当で、声を限りなく張り上げることは良いとはかぎりません。

過去航空会社からのフィードバックで、「受験生が本当に当社に入社を希望しているとの気迫が感じられない」とのコメントをいただいたことがあります。会社にとって、数十億円もする飛行機を預け、社運を託す人を採用するわけですから、どのような人物かしっかり見定めようとします。会社も真剣勝負なのです。

いろいろ述べてきましたが、最後はこれまでの飛行訓練の努力を思い、将来に渡ってしっかり努力を維持していくことと自分の可能性を信じて、是非自分を採用してほしいとの思いを伝えることが最も大切でしょう。

いつの日か皆さんの操縦するラインの飛行機の客席でお世話になりたいと願っています。

第4章　余談集

これまでの章と違って、思いつくままに下記のような項目で閑話を収録しました。軽い気持ちで一読いただければと思います。

・緊張の克服
・嵐の中の計器進入
・不規則な乗務への対策
・フライトモード
・フライトの準備を楽しむ
・フライトセンスとは
・柔らかい舵
・ミスを犯しやすい時
・“Declare Emergency”
・空の神様

緊張の克服

乗務員として仕事を続けることで切り離せないものが、身体検査と技量確認の審査です。CRM Loft 訓練の導入により、ほとんどの Airline で定期審査は年に 1 回となっています。審査の間に通常最低 1 回は定期訓練、大手の Airline では 3 回程度の定期訓練が設定されるところもあります。毎年受ける審査は誰でも緊張するものです。

これから先、定年退職するまで審査は続くのです。緊張で実力がだせないようでは長いパイロット人生が悲惨なものになってしまいます。審査や訓練の時に緊張するのは、人間に備わっている動物的な防衛本能として、これから戦場へ赴く自分自身の体の細部まで戦闘モードになり、十分な力が発揮できるようにアドレナリンを出しているからです。舞い上がってしまって頭が真っ白になってしまっては逆効果ですが、心臓の鼓動が早くなり、頭が少し熱くなるような緊張の感覚を感じたら、自分の持てる能力が十分に発揮できるための体の準備ができたのだと思えばよいのです。

実際にアドレナリンが出ている状態では、日ごろ気が付かないようなことまで気が付くものです。このとき、いつもと違うことを欲張って色気を出さずに、いつもと同じように対応し、緊張を上手に操っていることを感じとれるようになればしめたものです。

もともと乗務の仕事中は、通常でも実は相当の High Tension になっており、ましてシステムトラブルが発生したときや、悪天候などの進入着陸などでは、自分で気づかないうちに完璧な戦闘モード対応のためのアドレナリンが出ているのです。

嵐の中の計器進入

運よく何十年か続けて運航乗務員をさせてもらっていると、時には激しい嵐の中を着陸しなければならないこともあります。

突風を含む横殴りの吹雪の中を着陸するときは、背中に汗をかくことがあります。視程が悪い中で気流が悪いと最悪のコンディションの中での計器進入となります。

Minima を切るような悪天となれば、天気の良い空港へ向けDivert するか出発地に引き返しますが、微妙に進入できる気象状態のときが大変です。

覚悟を決めておへそに力を入れ、肩の力を抜いて進入を開始します。

FD は常にセンターにくるようにコントロールするのが基本です。人間の反応より素早く計算した修正舵を教えてくれるからです。

ところが嵐の中で飛行機がのたうちまわり、上下左右にぶれるときは、下図のようにほんの気持ち針幅の何分の1かだけ風上、上側に飛行機をもってくるように、したがってFD は風下、ピッチダウンコマンドを示すように飛行機をコントロールする気持ちでコントロールすることも一法です。

飛行機は風下にはアッ！　という間に流され、下の方へもダウンウォシュがあるときは直ぐに落とされるからです。

もちろんある程度コントロールできる rough air ではセンターが基本であることは言うまでもありません。

あくまでもおまけとして紹介しただけです。

皆さんが、このような気象条件の中で運航しなくて済むことを願っています。

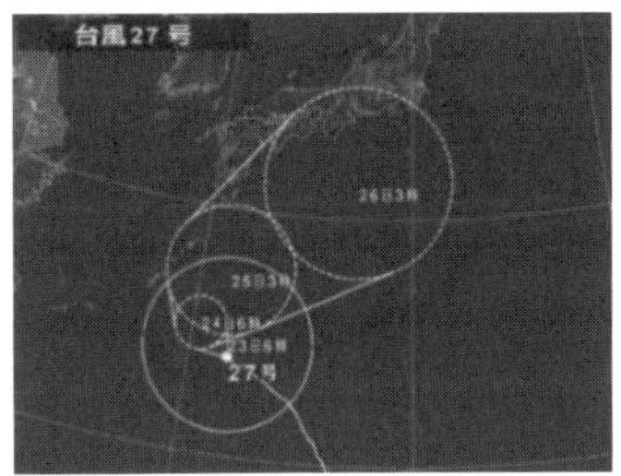

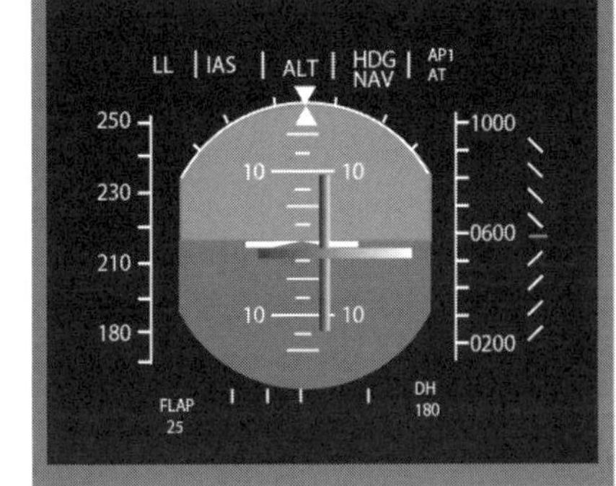

不規則な乗務時間への対策

国際線に乗務する人は、時差が仕事に対する大きな障害となります。国際線に乗務しなくとも、早朝深夜の飛行パターンの時により良い体調で乗務することは、これから長いパイロット人生を歩むうえで重要な課題の一つとなります。

体調を整える方法は千差万別で、個人によって違うものでしょう。ですからここに述べるのは、あくまでも個人的なもので参考になればという軽い話です。

夕方に成田空港を出発してハワイへ向かう便の乗務では、日本時間の早朝 4 時～5 時頃の夜明け前にホノルル空港へ進入着陸となり、お日様を正面に見ながら睡魔との格闘となります。着陸操作に入ってくるとさすがに緊張から体の隅々までピンとなりますが、降下を開始するころはなかなか厳しい環境であることは事実です。

国際線の厳しい時差のフライトをするときは、フライトに乗務するために拠点（自宅やホテル）を出発する前に必ず睡眠をとるように心がけました。最低 2 ～3 時間程度で構わないので出発前に寝るようにしました。そしてこの時、睡魔が生じやすいようにするために、ベッドに入る前に軽い食事をするように計画をしていたのです。

時差のある所で、思うように眠れていないという思いを持ってしまうと、頭の中で自分は体調が悪いという考えと結びつきがちですが、本当に眠れたかどうかはあまり重要ではないのです。ベッドに入ると本当に寝たかどうかはあまり気にせず、横になって目をつむるだけでよいのです。仮に熟睡しなくても、タヌキ寝入りをしていたとしても「タヌキ 7 分」といい、横になっている時間の 7 割は寝ていたのと同じ効果があるとの先人の言葉を自分に言い聞かせて

40年の乗員生活を送ってきました。

それでも、時差のある路線をフライトするときや、夜遅い便の乗務で通常のパフォーマンスがでていないと感じられる中で進入着陸をしなければならないときは、更に次のようなことを心がけていました。

パフォーマンスが落ちていることをカバーするために、準備を早めに開始する。例えば着陸のためのLDG Briefingを通常降下開始地点の80nm（約10分）手前から開始するのを100nm手前から開始するとか、降下中のConfigurationセットなども通常より気持ち早めにセットし安定する部分を多めにとれるようにしたのです。

このことで、シャープに反応しない頭でも結果的に最終的には通常のタイミングまでには安定したファイナルを作れるように工夫をしたのです。

フライトモード

Airline で乗務している飛行機が変わることがあります。機種変更の訓練を4～5か月程度受けて限定変更の審査に合格すれば、次の機種で乗務することになります。

この移行訓練中に新機種のシステムや手順などについて 1 か月程度座学を受けるのですが、この間に体が Flight モードからGroundモードに変わるのを感じたことがあります。

乗務日については多少の違いはあっても、1 か月間に 10 日程度の休みで残り 20 日間を乗務日とする勤務体系にしている航空会社がほとんどです。ということは、押しなべて言えば2日飛んで1日休むペースであり、常にある程度のフライトモードを知らず知らずのうちに維持することに体が慣れてしまっているのです。
　フライトモードというのは、常に何か忘れ物が無いか全体を見渡し、一つのことに没頭しない軽い緊張状態です。「トップガン」というアメリカの戦闘機乗りの映画がかつて放映されましたが、このときパイロットも後部座席の乗務員も周辺をキョロキョロ常に見渡していますが、これほどでなくとも、一点に集中しない仕事を長年続けていると、常に体の隅の方に何らかの警戒アンテナがあり、完全には油断しないとでも説明するのでしょうか。オフの日にできるだけストレスを発散する趣味を持つことを勧めるのは、このことも考慮しているのかもしれません。
　これが、1か月以上乗務しない、シミュレーター訓練もまだ始まっていない状況では、この全方位警戒アンテナのピリピリした感性の電源が落ちたようなリラックスを感じたのです。
　フライト訓練が始まるとまた、フライトモードが復活し、ある意味何をやっているときでも、会話をしているときでも頭の余力を使い果たさないようにし、何か手当をしなければならないものが発生していないか警戒のビットが立つ感覚が戻ってきます。
　ある種の職業病のようなものかもしれません。

フライトの準備を楽しむ

　せっかくAirline Pilotを目指してその夢がかなったのに、慣れてくると日々のフライト準備が面倒だとか、事前学習が大変だと思うことがでてくるかもしれません。フライトは事前にいろんな準備・工夫をすることでそれを試すのが楽しみだというようにできればしめたものです。特に必要なことではありませんが、私はまず乗務する便名のタグを作り、その下部に出発・到着予定時刻を記入しATC を間違えないように利用したり、時間管理に使ったり利用していました。3日の連続フライトであれば、3日分を用意することで全体の流れも分かり、次の日の Pick Up の参考にしたりしていました。季節で変わる日没の時間や時差なども参考になります。このようなタグを作るのは機械的にできるので、気楽に準備をはじめ、そこから徐々に前段で述べたような準備に気持ちを載せていくようにしていたのです。その他、咄嗟に必要になる空港毎に定められたレーダーベクター中の Lost Communication Procedure や、運用限界、AEIS 周波数、最高 MEA などを記載したポケットメモなど工夫した小道具がフライトで活躍すると、ささやかな喜びを味わうことができます。

生涯を乗員として全うする覚悟ができたら、ルーティーンの作業は楽しい日常になってしまいます。

フライトセンス

よくフライトセンスがあるかないかが話題になることがありますが、フライトセンスとは何でしょう？

もちろん一言では言い表せないし、CRM スキルなどに挙げられる色々なフライト技術の総合能力のことを指すのが正しい答えだと考えられますが、長年の経験から、自機が置かれた状況下における優先順位（Priority）付けのできる人はセンスがあると思っています。機長養成などで躓いた人の一例として、自分で一生懸命勉強し準備してきたものを順番通りに STEP を踏むことで、忘れ物を無くそうとする傾向が見えたことがあります。フライトを取り巻く環境は、他機との関係、ATCの指示、気象の変化、飛行機のトラブル、お客様の不具合などで千変万化します。
この変化する環境下で自分が準備している手順だけをなぞっていくだけでは、好ましい飛び方にはなりません。
もちろん、それぞれの Phase で必要なもの（例えば着陸前にはFlap・Gear の configuration を整え Landing check List を終えるなど）全般を見渡せる力も必要ですが、今何が最優先されるのかを見極め、優先されるものから実行できることがフライトセンスの良さを表していると思っています。順番が入れ替わっても、必要なものをぬかりなく実施できる能力こそが求められていると考えています。

柔らかい舵

操縦技術の一つに「舵が柔らかい」という表現をよく耳にします。特にお客様を乗せて飛行機を操縦する場合は、できるだけスムースに急な舵を使わず柔らかい舵を使うことが求められています。
では、柔らかい舵を使うためにはどうすればよいのでしょうか？コントロールコラムをゆっくり操作すればよいのでしょうか？
あまり操縦がうまくなかった私が言うのは若干はばかられますが、柔らかい舵を使うためのコツは、Lead を適切にとれることに尽きると思っています。若者の運転で車がカーブを回るときに旋回の反対側に強烈な G を感じるような急ハンドルをきるのと逆で、旋回開始の初動をゆっくりするのがポイントです。一旦、飛行機が方向を変え始めたら後は旋回角速度を大きくしても、ほとんど体には感じなくなるものです。Pitch、Roll、Yaw、地上 Taxi の旋回など全てに渡って舵の切り始めを柔らかく静かに始めるのがコツです。そのためには姿勢を変える前に、次の変進点・姿勢を変える位置をしっかり意識して気持ちの準備をし、Lead をとった操作ができるようにすることが大切です。そのように心がけて操縦を続ければ、隣の機長から「舵が柔らかいね」とお褒めの言葉がもらえること請け合いです。（！？）

ミスをしやすい時

これまでの乗員生活を通して、自分自身数々の失敗をしています。顔から火が出るような思いや、背中にドッと汗が噴き出す思いも何度か経験しています。では、どのようなときにミスを犯しやすいのでしょうか？　自分を振り返ると、以下のような状況でミスを犯しやすくなっているようです。

- スケジュールより遅れたりタスクが輻輳しているとき、何とか時間を間に合わせようと能力を超えて無理をし、慌てて作業をしているとき。
- 自分の能力を過信し、自信過剰になっているとき。結果、コックピットの二人の協調がくずれたとき。

飛行機を飛ばすときは出発前の作業でも相当多くの作業があり、どれかを Omit することは許されないことは周知のことです。しかも一つ一つの作業には Minimum 必要な時間があります。これを無理やり短縮して間に合わせようと邪な心持ちが浮かぶとミスが生じます。ある所に来たら一定度遅れることはやむを得ないと腹をくくることが、問題解決の糸口になることがよくあります。「しょうがない」と覚悟を決めて、必要なステップを確実に実施することに気持ちを切り替えることが、有償便を預かるプロとしては求められます。

CRM、Threat & Error マネージメントが日本に導入されてかなりの年月が経ち、Airline の Operation でも相当に生かされている感がある昨今です。

コックピットの中では二人（以前は航空機関士も入れ３名）がチームとして最良のパフォーマンスを発揮できるように工夫してフライトを行います。乗員は誰でも人間である以上ミスをしたり必要事項を失念したりすることはあります。これをお互いの協力で補完しながら正常な状態を維持していきます。

ところが、人間であることの弱みの中に、厄介なものとして感情の問題があります。言葉に出す微妙なコミュニケーション力の違いで、せっかくのアドバイスを素直に受け取れる場合と、やや壁を作りそうになる場合があります。

昔、ある先輩パイロットが副操縦士をされている頃に、ご自宅に遊びに行ったら、野球選手の名鑑が置いてあり、「野球がお好きですか」と尋ねたところ、「機長とのコミュニケーションで役立つことがあるんだよ」とのお返事でした。８～９時間太平洋の上を飛ぶときに色々な雑談をするのに、話題を幅広く持つという意味で興味深いことでした。

機長が間違っている場合は、きちんとアドバイスができることが大切だということは前記しましたが、そのことと、矛盾しないこととして、できるだけ円滑なコミュニケーションを図り、チームのリーダーである機長が気持ちよく仕事ができるようにすることも大切な副操縦士の任務だと考えています。

できるだけ情報を機長に集約し、機長は幾つかの選択支の中から、当該フライトの最終責任者として一つずつ決定を下しながらフライトを進めていきます。チームとしての安全レベルが最大となるような雰囲気づくり、機長が気持ちよく作業を進められるということも安全運航の要素の一つと考えられます。

ここで自分の数ある失敗経験の中から、機長の立場、副操縦士の立場についての経験談をお話したいと思います。

機長として乗務しているある日、プレグナント（妊婦）の情報を出発直後（スポットからプッシュバックを開始した後）にもらいました。妊婦の方の搭乗に関しては出産予定日の28日以内の場合、搭乗を認める医師の診断書などが必要となりますが、それらの手続きが不十分だったため最終的にはスポットに戻ることにしました。

その対応時に副操縦士からのアドバイスを受けたのですが、その言い方に対し素直に受け取れず、口には出さなかったのですが「そのようなことは段取りの中に織り込み済み」という気持ちが心の中に生じてしまい、全体を見渡す力に陰りが生じたことがあります。結果的にスポットに戻るときに、管制許可はもらったものの、地上作業員との連携をうまく行わずに動き出しかけ、大変危険な状態を作ってしまったことがあります。地上係員から直ぐ呼び出しがあり、事なきを得たのでした。

機長の立場として振り返って見ると、どのようなアドバイスであっても、自分が準備している段取りを多少煩わせる内容であっても、まず「サンキュー」と一言告げ、発言してくれたこと自体がありがたいと思うことが必要だったと反省しています。

アドバイスを受けたときに、あたかもそれまで気づかなかった素振りで「ありがとう」と言えたらオスカー賞もので、自宅に帰ってから自分を褒めることができたでしょう。
その一言で冷静に思考を続けられ、その後必要なことを抜けのないように段取りを組んで行けただろうと思われます。
いかに平常心を維持できるように工夫するかが大事だと反省したところです。
また、もし万一「そんなことは分かっている」と口に出してしまっていたら、その途端、副操縦は次から決してアドバイスをしてくれなくなったでしょう。このことはチームとしての安全レベルに大きなマイナスとなってしまいます。
この経験後、しばらく落ち込みましたが、失敗を次に生かすことで少しずつ成長できればと前向きにとらえることで乗り越えることにしました。
副操縦士あるいは将来機長に昇格されてからの、いずれの立場からもチームとしての安全レベル向上のヒントになれば幸いです。

“Declare Emergency”

緊急事態を宣言するには“Mayday Mayday Mayday”と Call するというのはパイロットなら誰でも知っていることですが、パイロット人生において実際に使うことは一生に 1 度あるかどうかというところが一般的ではないかと思います。
私が緊急事態を宣言したのは、B-747 型機でヨーロッパはオランダのアムステルダム・スキポール空港から日本へ帰る便として離陸した直後でした。左席で操縦を担当していた時のことです。夕暮れ時になっており、間もなくお日様が沈む間際の黄色がかった陽光が滑走路を照らしていました。アムステルダム空港では滑走路が東西方向・南北方向に複数走っており、風が変わらなくても騒音の関係で滑走路を順番に変更する使い方をしていました。

私たちの離陸の直前に滑走路が変更となり、新たに使い始めた滑走路から2番目の離陸となったのです。滑走路周辺は草地で、それまで使っていなかったため水鳥達が、ねぐらを求めて集まっていたのでしょう。後から考えると1番目の小型ジェット機の離陸が、この鳥たちに警戒心を与え飛び立つ準備をさせたのではないかと思います。

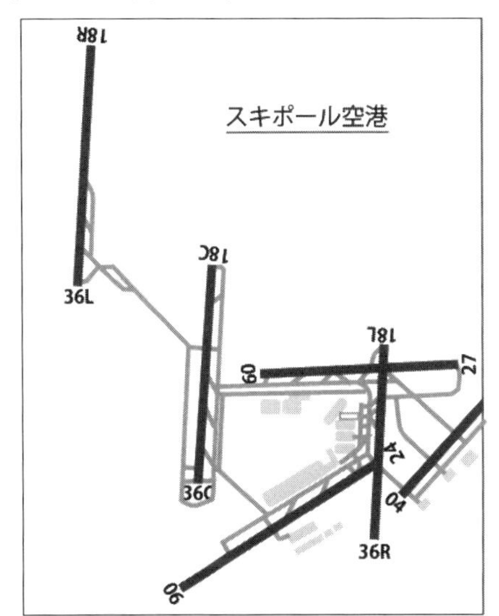

次に私たちの離陸の番となり、成田まで帰るために80万ポンドを超える最大離陸重量近い重さなので、滑走路一杯を使っての離陸です。離陸滑走路を半分以上進んだところで滑走路のエンド付近に大きめの白っぽい木の葉のようなゴミがいっぱい舞い上がり、黄色の陽光に照らされてヒラヒラした感じに見えました。これは全て水鳥が一斉に飛び立ったものだとは後で分かったことです。

「V_1・・・ローテーション」というCall outで操縦稈を引いたときに“ドドーン”と衝撃があり、その瞬間Nose Gearに何かぶつかったかなと思いました。咄嗟にエンジニアパネルを見ると、右側のエンジニアパネルの前方下部にEngineのVibration Indicatorがあり、この一つがスケールの上部まで振り切れていたのです。「これは切らないとだめですね」と相談し、後は定められた手順通りに、エンジン停止、Emergency チェックリスト実施、緊急事態宣言、燃料を投棄してスキポール空港への引き返しを伝え、後席におられたもう一人の機長に客室のアナウンスを実施していただきました。

機体が重いので僅かの上昇率で何とか北海に向けて上昇しました。管制官から「燃料投棄はどのくらいかかるのか？」、「旋回中でも Fuel Damp できるのか？」などの質問があり、「約 50 分かかる。旋回中もできる」などのやり取りがあり、北海の上空で“Fuel Damp OK”が発出され燃料投棄を開始しました。

管制の協力で約 30 分真っすぐ北へ飛ばした後、180 度反転して空港へ戻る Vector をしてくれたので、とてもスムースに実施できたのを覚えています。管制として精一杯緊急事態の航空機をサポートしてあげようという思いはどこの国に行っても同じです。

３発のエンジンで何とか無事に着陸できホッとして、機外に降り確認したら、停止したエンジンはグシャグシャに FAN ブレードなどが壊れていました。それだけではなく、無事正常に作動していたと思っていたもう一つのエンジンのスピナーが割れているのを見てゾッとしました。別のエンジンにも鳥が衝突していたのです。幸いブレードなどを破損していなかったので推力を失わずにすんだのでした。もしこの重量で２つエンジンが止まったら、確実に上昇は困難だったはずで、大惨事は免れなかったところです。

この時は心から空の神様に感謝した次第です。

空の神様

最近の航空機は新しいテクノロジーを駆使したシステムを備えており、これらが安全レベルを向上させるのに大きく寄与しています。しかし、この高度なシステムはその複雑さの故に壊れる可能性があることも事実です。

地球温暖化の警鐘が出されて久しくなりますが、最近の日本の気象の変化は、かつて東南アジアを飛んでいたころの激しさを思わせます。これだけ数値予報が発達してもあくまでも予報は予報であり、激しい気象の変化を正確に予想できず外れることもあります。

ご搭乗頂いているお客様の体調が常に万全とは限りません。時には機内でお医者様を探すアナウンスが必要なことも発生します。

このように、機械は壊れ、天気は予想外に悪化し、お客様のトラブルが起きるなど、フライト中に人知の及ばないところで発生するトラブルを何とか乗り切るために、運を味方につけたいと願う時があります。長年の乗員生活から、その方法は「空の神様」を味方に付けることだと考えるようになりました。

空の神様を味方に付けるためには、日頃の行いにかかっていると思っています。必要な事前準備学習を怠らず、自分の体調をしっかりと整え、周りによく気を配り、自分の心が真から納得する正しい生活をすることだと考えています。そしてフライト中は最新の注意を払い、どのような小さなことでもいつもと違うものを見つけた場合は、それを看過せず対応することが肝要だと思っています。

何らかの兆しを見つけた時こそ最悪の事態回避のヒントを得たと感謝して対応すれば大事に至らずに済み、結果として空の神様を味方に付けたことになるのだろうと考えています。

最後は余談として取り留めもないことを、自分自身は未熟な乗務員だと自覚しつつも、少しでも皆さんの参考になればと恥を忍んで執筆しました。

この本の編集にあたり、ご協力をいただきました崇城大学の操縦教官、座学教官の皆様に深く感謝申し上げます。

本書が Airline を目指す学生の皆さんへの、細やかな一助となれば幸甚です。

稲富　徳昭

Memo

------------- 著者略歴 --------------

稲富　徳昭（いなどみ　のりあき）
・総飛行時間　約 14,000 時間
・乗務経験
　日本航空　B747 機長
　JAL エクスプレス　B737-400 機長
　ジェットスタージャパン　A320 機長
・現在　崇城大学宇宙航空システム工学科教授

初版発行　平成 30 年 5 月 30 日　　印刷　シナノ印刷㈱

エアライン パイロットを目指して

稲富　徳昭著

発行　鳳文書林出版販売

〒105-0004　東京都港区新橋 3-7-3
電話 03-3591-0909　FAX 03-3591-0709　E-mail　info@hobun.co.jp

ISBN978-4-89279-441-4　C3053　￥1400　　定価　本体価格 1,400 円＋税